ÖSTERREICHISCHES FORSCHUNGSINSTITUT
FÜR GESCHICHTE DER TECHNIK IN WIEN

VIKTOR KAPLAN

VON

DR. TECHN. ALFRED LECHNER
O. Ö. PROFESSOR AN DER TECHNISCHEN HOCHSCHULE IN WIEN

MIT 44 TEXTABBILDUNGEN

SONDERAUSGABE AUS

BLÄTTER FÜR GESCHICHTE DER TECHNIK
DRITTES HEFT

SCHRIFTLEITUNG: DR. ING. L. ERHARD

Springer-Verlag Wien GmbH 1936

Ursprünglich erschienen bei Julius Springer in Vienna 1936

ISBN 978-3-662-40713-4 ISBN 978-3-662-41195-7 (eBook)
DOI 10.1007/978-3-662-41195-7

Vorbericht des Forschungsinstitutes.

Zu den satzungsgemäßen Aufgaben des Österreichischen Forschungsinstitutes für Geschichte der Technik gehört es, die Lebensbilder hervorragender Techniker und Erfinder festzuhalten. Dieser Bestimmung zufolge hat das Forschungsinstitut im Jahre 1935 einen

Sonderausschuß zur Ehrung VIKTOR KAPLANS

eingesetzt, der den damaligen Rektor der Technischen Hochschule in Wien, Professor Dr. A. KANN, zu seinem Vorsitzenden, Sektionschef Ing. P. DITTES und o. ö. Prof. Dr. E. FEIFEL zu Stellvertretern, den Direktor des Technischen Museums i. R. und Leiter des Forschungsinstitutes, Hofrat Dr. Ing. L. ERHARD, zu seinem Sachwalter und Dr. Ing. W. VOITH zum Obmann des Finanzausschusses wählte. Dem Sonderausschuß gehören außerdem folgende Mitglieder an: Oberingenieur H. BLUMER, Zürich; Ing. E. ENGLESSON, Kristinehamn, Schweden; Oberstadtbaurat Ing. Dr. techn. A. HASCH; Oberst i. R. E. KRAMBERGER, Mondsee; o. ö. Professor Dr. A. LECHNER; Direktor Dr. techn. Ing. G. MARKT; Direktor Ing. RENÉ NEESER, Genf; Vorsitzenderrat des Öst. Patentamtes i. R. Hofrat Ing. E. OSSWALD; Gewerbeinspektor Hofrat Ing. F. OSSWALD; Ing. C. REINDL, München; Ministerialrat Ing. V. SCHÜTZENHOFER, Direktor des Technischen Museums für Industrie und Gewerbe in Wien; Ing. J. SLAVIK, Deutsche Technische Hochschule, Brünn. Ing. H. STOREK, Brünn; F. STRASSER, Wien. Das Forschungsinstitut richtete an die beteiligten Kreise einen Aufruf zugunsten eines zu schaffenden KAPLAN-Fonds, dem nach kurzer Sammeltätigkeit aus dem In- und Ausland die nötigen Geldmittel für eine würdige Ehrung KAPLANS zuflossen. Gemäß den Absichten des Sonderausschusses soll die Erinnerung an VIKTOR KAPLAN durch die Aufstellung je einer Büste oder eines Bildnisses im Technischen Museum zu Wien und im Deutschen Museum zu München sowie namentlich durch die Errichtung einer Gedenktafel am Geburtshaus KAPLANS in Mürzzuschlag gewahrt werden. Das von Hofrat Professor Dr. K. HOLEY entworfene Ehrenmal trägt das vom akad. Bildhauer A. ENDSTORFER geschaffene Bronzebild KAPLANS und folgende Inschrift:

In diesem Haus wurde am 27. 11. 1876 der Schöpfer einer neuartigen Wasserturbine Ing. Dr. Viktor Kaplan geboren. Die Kaplanturbine erschloß der Welt neue und mächtige Kraftquellen.
Er starb am 23. 8. 1934.

Für die bevorstehende Enthüllungsfeier des KAPLAN-Denkmals wurde ein besonderer Ehrenausschuß gebildet, an dessen Spitze der Bundesminister für Handel und Verkehr F. STOCKINGER steht, und dem der Landeshauptmann von Steiermark Dr. K. M. STEPAN, der Vizepräsident der Verwaltungskommission der Österr. Bundesbahnen L. STEPSKI-DOLIWA, der Generaldirektor der Österr. Bundesbahnen A. SCHÖPFER, die Rektoren der Technischen Hochschulen in Wien Prof. Ing. F. LIST, und Graz Prof. Ing. H. PAUL, sowie der Deutschen Technischen Hochschulen in Brünn Prof. Ing. Dr. techn. O. SRNKA, und Prag Prof. Dr. W. GINTL, der Vorsitzende des Österr. Nationalkomitees der Weltkraftkonferenz, Sektionschef Ing. R. REICH, der Präsident des Österr. Ingenieur- und Architektenvereines, Ing. R. BRABBÉE, und der Obmann des Ortsausschusses in Mürzzuschlag, Regierungskommissär Dr. F. WEDRAC, angehören. — In Schweden, wo KAPLANS Name zufolge der dortigen großen Wasserkraftnutzung allgemein bekannt ist, wurde gleichfalls ein Ausschuß zur Ehrung KAPLANS ins Leben gerufen.

Auf einen Antrag des Forschungsinstitutes hin hat die Generaldirektion für die Post- und Telegraphenverwaltung beschlossen, das Bildnis KAPLANS in eine im Jahre 1936 erscheinende Markenreihe über österreichische Techniker und Erfinder aufzunehmen.

Überdies soll für VIKTOR KAPLAN durch die Veröffentlichung seines Lebensbildes auch ein technikgeschichtliches Denkmal geschaffen werden. Hochschulprofessor Dr. A. LECHNER, ein Freund KAPLANS, hat es in dankenswerter und selbstloser Weise übernommen, dieses wissenschaftliche Ehrenmal VIKTOR KAPLANS zu verfassen. Die vorliegende Biographie KAPLANS entrollt das Lebensbild eines bahnbrechenden österreichischen Gelehrten und Erfinders, der aus dem sicheren Gehege seines Versuchslaboratoriums an der Deutschen Technischen Hochschule in Brünn, wo die Entwürfe zu seiner schnellaufenden Niederdruckturbine reiften, auf die gefährliche Walstatt des wirtschaftlichen Wettbewerbs hinaustrat und dort erst nach nervenzerrüttenden Kämpfen zuletzt Sieger blieb. Das Leben dieses Forschers und Kämpfers ward verschönt durch die Liebe einer sorgenden Frau, durch die Freundschaft vieler Gleichgesinnten und durch die Freude an der Natur, die VIKTOR KAPLAN bei weiten Wanderungen und in seinem selbstgeschaffenen Bergheim auf Rochuspoint bei Unterach am Attersee in vollen Zügen genossen hat.

Möge der folgende Lebensabriß eines deutschen Ingenieurs von Weltruf dem Schöpfer der Kaplanturbine zur Ehre und seinen Nachfahren zum Vorbild gereichen.

Wien im Mai 1936.

Der Vorsitzende des Arbeitsausschusses:
Hofrat Prof. Ing. Dr. **K. Holey**
Mitglied des Bundeskulturrates.

Der Leiter des Forschungsinstitutes:
Hofrat Dr. Ing. **L. Erhard**
Direktor des Technischen Museums i. R.

Vorwort des Verfassers.

Zwischen der Erfindung der Kaplanturbine im Jahre 1912, ihrem Siegeszug in die Welt und dem Hinscheiden Professor KAPLANS am 23. August 1934 ist eine verhältnismäßig kurze Spanne Zeit gelegen. Wenn man berücksichtigt, daß die Erfindung der Francisturbine ungefähr 1845 erfolgte, die Einführung dieser Turbine in Europa aber erst Ende des vorigen Jahrhunderts stattgefunden hat, dieser Zeitraum also groß gegenüber jenem erscheint, welcher zwischen der Erfindung der Kaplanturbine und der Einführung derselben in die Industrie (in den Jahren 1918 bis 1926) gelegen ist, so wird eine nähere Untersuchung und Begründung dieser Tatsache wünschenswert erscheinen.

Es ist richtig, daß damals allgemein das Streben herrschte, die Schnelläufigkeit der Turbinen zu erhöhen und die Zeit für die Einführung der Kaplanturbine somit günstig war. Aber es ist das Verdienst KAPLANS allein, die schöpferische Leistung in verhältnismäßig kurzer Zeit vollbracht zu haben. Um diese Tat zu vollbringen, dazu gehörte aber nicht nur wissenschaftliche Begabung und großes Verständnis für die Bedürfnisse des Maschinenbaues und der Wirtschaft, sondern auch Ausdauer und Zähigkeit sowie der unerschütterliche Glaube an die eigene Kraft und eine selbstopfernde Hingabe an die Arbeit, an das Werk.

Der Umstand, daß diese Eigenschaften in einer Person vereinigt waren, rechtfertigt gewiß eine ausführliche Darstellung des Lebensbildes dieses seltenen Mannes, das auch der Tragik nicht entbehrt; denn nachdem KAPLAN alles geschaffen hatte, was in einem Laboratorium geleistet werden konnte, erkrankte er und erholte sich seit dieser Zeit auch nie mehr ganz.

Gerne hat der Verfasser der ehrenvollen Aufforderung des Österreichischen Forschungsinstitutes für Geschichte der Technik entsprochen und hat auf Grund von Urkunden, Briefen, Mitteilungen und eigenen Erlebnissen ein naturgetreues Lebensbild VIKTOR KAPLANS und eine Beschreibung und Würdigung seiner bahnbrechenden Erfindung zu geben versucht. Dabei wurde besonders auf Originalaufzeichnungen KAPLANS Bezug genommen und wurden sowohl dessen Ansichten als auch Äußerungen vielfach wörtlich wiedergegeben.

An dieser Stelle erachte ich es als meine Pflicht, Frau Professor MARGARETHE KAPLAN für ihr Vertrauen bei der Einsichtnahme in Briefe und Dokumente, sowie für ihre Unterstützung den besten Dank auszusprechen, ebenso Herrn Hofrat Dr. Ing. LUDWIG ERHARD für seine Ratschläge und Mühewaltung bei der Durchsicht des Manuskripts.

Anerkennung und Dank gebührt auch dem langjährigen Assistenten Professor KAPLANS, Herrn Ing. J. SLAVIK in Brünn sowie den Herren Ingenieuren Dr. FRITZ SÖCHTING und Dr. GERHARD HEINRICH in Wien, für ihre Hilfeleistung bei der Durchsicht der Handschrift und der Korrektur der Druckbögen, sowie Herrn Direktionsrat KARL WOLF für die Beistellung von Lichtbildern.

Wien, 31. Dezember 1935. **A. Lechner.**

Inhaltsverzeichnis.

I.

Abstammung, Jugend- und Studienjahre Viktor Kaplans.[1]

Viktor Gustav Franz Kaplan erblickte am 27. November 1876 zu Mürzzuschlag in Steiermark als Sohn des Verkehrsbeamten der Südbahn Karl Viktor Kaplan und dessen Frau Jenny, geb. Wust, das Licht der Welt. Der Vater, geb. am 3. September 1849 in Wr. Neustadt, war der Sohn des Handelsmannes

Abb. 1. Das Geburtshaus Viktor Kaplans in Mürzzuschlag. Das Bahnhofsgebäude mit dem Entwurf des Ehrenmales für Viktor Kaplan.

Karl Kaplan, welcher mit Therese, der Tochter des bürgerlichen Lebzelters Anton Stadler in Wr. Neustadt verheiratet war.

Der Vater Professor Kaplans besuchte in den Jahren 1860 bis 1867 das Gymnasium in Wr. Neustadt, studierte in Wien Jus, erhielt das Absolutorium und stand seit 1870 im aktiven Dienst der Südbahn, bei welcher er zuerst als Verkehrs-

[1] Verfasser verdankt die folgenden Daten dem Einblick in die Urkunden, welche im Familienarchiv in Unterach am Attersee erliegen, und den daselbst befindlichen Aufzeichnungen von Frau Regierungsrat Professor Rosina Kaplan in Hetzendorf, der zweiten Frau Karl Viktor Kaplans.

beamter in Lekenik, Agram, Mürzzuschlag, dann als Stationschef in Semmering, Neuberg und Hetzendorf, schließlich als Verkehrskontrollor und als Stationschef des Frachtenbahnhofs der Südbahn in Wien-Matzleinsdorf tätig war. Er erhielt wegen seines verdienstvollen Wirkens verschiedene Auszeichnungen, darunter auch den Titel kaiserlicher Rat, und trat mit Ende des Jahres 1918 als Zentralinspektor der Südbahn in den dauernden Ruhestand.

Seiner ersten Ehe mit Jenny Wust entsprossen drei Kinder: Karl, Anna-Louise und Viktor. Der älteste Sohn Karl widmete sich der Landwirtschaft und

Abb. 2. Jenny Kaplan.

Abb. 3. Zentralinspektor Karl Kaplan.

Die Eltern Viktor Kaplans.

war als Ökonomierat an verschiedenen kaiserlichen Gütern tätig, die Tochter Anna-Louise starb bald nach ihrer Geburt, und Viktor ist der bekannte Turbinenbauer.

Die Mutter Jenny wurde am 16. November 1843 in Pettau in Untersteiermark als Tochter des k. k. Oberpostverwalters Franz Wust und dessen Frau Aloisia, geb. Kuradi, geboren. Sie entstammte einer an Kindern reichen Familie, von denen aber nur drei am Leben blieben. Im Hause ihrer Eltern erhielt sie eine sorgfältige Erziehung; von ihrer Mutter erbte sie viel Sinn für Musik. Sie war eine aufopfernde Frau, eine liebende Mutter und eine tüchtige Hausfrau. Ihr Wesen war schlicht und von stiller Geistigkeit. Aus den erhaltenen Briefen spricht sorgende Liebe für ihre Kinder. Auf Viktor setzte sie besonders große Hoffnungen und dieser hat ihrer stets mit viel Liebe und Dankbarkeit gedacht. Im Jahre 1897 ist Jenny Kaplan einem Schlaganfall in Hetzendorf erlegen.

Der Vater Professor Kaplans war eine stattliche Erscheinung und empfand große Vorliebe für Wissenschaft und Kunst. Besonders interessierte ihn Mineralogie und Musik. In dieser Neigung zur Musik hatten sich auch seinerzeit die Herzen der

Eltern Professor KAPLANS gefunden. Ordnungsliebe, Sauberkeit in Kleidung und Haltung, Genauigkeit im dienstlichen und auch außerdienstlichen Verkehr waren ihm besonders eigen. Strengste Pflichterfüllung verlangte KARL KAPLAN nicht nur von seinen Untergebenen, sondern auch von seinen Kindern, er selbst ist stets mit gutem Beispiel vorangegangen. Den Ernst, mit welchem er die Erziehung seiner Kinder leitete, die hohe Auffassung, welche er von dem Berufe seines Sohnes VIKTOR hatte, werden wir noch später kennenlernen. In zweiter Ehe war KARL KAPLAN mit Frau Professor ROSINA GAUDERNAK, einer bekannten Wiener Pädagogin, vermählt.

Aus den hier nur skizzenhaft wiedergegebenen Familienverhältnissen ist zu entnehmen, daß VIKTOR KAPLAN einem gut bürgerlichen Hause entstammte und die Segnung eines geordneten, friedlichen Familienlebens genoß.

Die Volksschule besuchte VIKTOR in Neuberg in Steiermark. Dort erhielt er schon als achtjähriger Knabe durch die Eisenwerke der Alpinen Montangesellschaft technische Eindrücke. Von seinen Jugendfreunden wird berichtet,[1] daß er hier als Knabe Wasserräder gebaut hat, und sein Freund FRANZ MAYER erzählt, daß VIKTOR einmal ausgerufen haben soll: „Wenn ich groß bin, baue ich noch viel schnellerlaufende Räder“. Gewiß werden viele Knaben solche Bastelarbeiten verrichten, ohne daß denselben irgendeine weitere Bedeutung beizumessen ist. Aus den erhalten gebliebenen eigenen Aufzeichnungen KAPLANS[2] aber ist zu ersehen, daß es ihm gelungen ist, eine ganze Reihe physikalischer Apparate selbst zu verfertigen, und wenn wir später sehen werden, daß KAPLAN im Brünner Laboratorium sich die Schablonen für seine Turbinenschaufeln selbst anfertigte, so kommt diesen Jugendbasteleien doch mehr Bedeutung als einer bloßen Spielerei zu. Als KAPLAN in den Jahren 1888 bis 1895 seinen Mittelschulstudien an der Kommunalrealschule in Wien, IV., Waltergasse 7, oblag, verstand es der Professor der Physik, FRANZ DAURER, das Interesse des ernsten Knaben für diesen Gegenstand zu erwecken. Dieses Interesse zeigte sich auch zu Hause durch selbständiges Experimentieren und Anfertigen physikalischer Apparate. Aus den Aufzeichnungen KAPLANS entnehmen wir, daß er eine Elektrisiermaschine aus einer einfachen Flasche, einen kleinen Elektromotor, dessen Achse eine Stricknadel war, eine elektrische Eisenbahn, ja sogar eine Dampfmaschine, wobei der Dampfkessel aus einer Kakaobüchse, der Zylinder aus einer Patrone bestanden hat, selbst angefertigt hat.

Anleitung und Anregung erhielt er von seinen Onkeln PAPRIAN und DERFLINGER, die Werkzeuge borgte er sich von dem befreundeten Hauptmann HOFER aus. Bei diesem Experimentieren und Basteln erlangte er eine derartige Geschicklichkeit, daß es uns nicht wundern darf, daß er eines schönen Tages Professor DAURER mit einem selbsterzeugten photographischen Apparat überraschte.

Hören wir, was KAPLAN selbst hierüber berichtet:

„Der Balg war ein alter Gummiregenmantel, das Objektiv war eine Linse um 60 Kreuzer, zwei Wochen zusammengespart! Die Linse wurde in eine Schuhwichs-

[1] Vgl. „Aus dem Leben eines steirischen Erfinders“ von FRANZ MAYER, Alpenländische Wochenschau vom 14. September 1935, sowie den Brief vom 15. Mai 1935 von KARL WOLF, welcher eine Schilderung der Jugendjahre KAPLANS enthält und im Familienarchiv in Unterach erliegt.

[2] Diese Aufzeichnungen erliegen im Familienarchiv in Unterach.

schachtel gegeben, der Deckel dieser Schachtel war gleichzeitig der Objektivdeckel. Die Schraube, welche die Distanz einstellt, war ein alter Drillbohrer. Die Aufnahmen konnten immerhin als brauchbar bezeichnet werden. Professor DAURER hat mir, als er den Apparat sah, ‚vorzüglich' gegeben."

Seinem schon damals gewählten Grundsatz, womöglich alles selbst zu verfertigen, ist er auch später treu geblieben. Das Studium der realen Fächer, Mathematik, Physik, Chemie und Darstellende Geometrie, fiel VIKTOR leicht, dagegen bereiteten ihm die Sprachen einige Schwierigkeiten.

Während er als kleiner Knabe ernst war, wird er von seinen Kameraden in den oberen Mittelschulklassen als ein zu lustigen Streichen aufgelegter Jüngling bezeichnet. Schon als Knabe war er ein glänzender Schlittschuhläufer, später auch ein guter Tennisspieler, ein eifriger Hochtourist und ein gewandter Kletterer. Von seinem Vater wurde VIKTOR sehr streng gehalten, die Mutter scheint die ausgleichende Milde und Güte gewesen zu sein.

Nach bestandener Maturitätsprüfung im Jahre 1895 widmete sich KAPLAN an der Wiener Technischen Hochschule dem Studium des Maschinenbaues. Hier hörte er Mathematik bei KOLBE und CZUBER, Mechanik bei FINGER, Darstellende Geometrie bei PESCHKA, Technische Mechanik und Theoretische Maschinenlehre bei BÖCK, Maschinenbau bei v. RADINGER und HAUFFE, Mechanische Technologie bei KICK und REH, Chemie bei BAMBERGER und Geodäsie bei SCHELL. Es sei erwähnt, daß KAPLAN gerade in den theoretischen Gegenständen vorzügliche Erfolge aufzuweisen hatte. Es darf daher auch nicht überraschen, wenn er zuerst rein theoretisch zu arbeiten versuchte und auch später für vernünftige theoretische Erwägungen immer viel übrig hatte. Daß KAPLAN, wie einmal behauptet wurde, der „Theorie" fremd oder ablehnend gegenübergestanden sei, ist eine unrichtige, mißgünstige Behauptung. Wohl aber pflegte er als Professor Arbeiten, bei welchen der physikalische Gedanke gegenüber der mathematischen Behandlung ganz in den Hintergrund trat oder bei denen die Voraussetzungen durch Versuche nicht entsprechend begründet waren, zweifelnd gegenüberzustehen. Bei solchen Gelegenheiten zitierte er gerne: „Grau, teurer Freund, ist alle Theorie".

Nach Ablegung der zweiten Staatsprüfung (1900) absolvierte KAPLAN sein Freiwilligenjahr bei der k. u. k. Kriegsmarine, wo er später zum Ingenieureleven ernannt wurde, und trat am 25. Oktober 1901 bei der Leobersdorfer Maschinenfabrik als Ingenieur ein. Somit kommen wir zur Schilderung seiner Tätigkeit als schaffender Ingenieur.

II.

Als Ingenieur in Leobersdorf.

Der neue Explosionsmotor. Hoffnung und Enttäuschung.

Die Firma GANZ in Leobersdorf beschäftigte sich damals mit dem Bau von Dieselmotoren. Es ist für KAPLAN bezeichnend, daß er, kaum im Betrieb, schon daran dachte, einen neuen Motor zu konstruieren, welcher den Dieselmotor an Güte übertreffen sollte. KAPLAN selbst berichtet über seinen Motor folgendes:[1]

[1] Entnommen dem Aufsatz, der in der Wiener Zeitung „Die Zeit" am 9. April 1903

„Für den Motorbau wie für die Kohlensäureindustrie werden die folgenden Ideen unzweifelhaft von Interesse sein, da sie selbst dann noch Anregung von einigem Wert bieten dürften, wenn die praktischen Versuche diese Ideen nicht ganz bestätigen sollten. So groß auch die Fortschritte sind, welche bisher in der Verbilligung der Betriebskosten der Explosionsmotoren gemacht worden sind, so zeigt die Wärmebilanz dennoch, daß der größte Teil der durch die Explosion freigewordenen Wärme, welche einer gewissen Arbeit entspricht, unausgenutzt verlorengeht. Von 5000 Wärmeeinheiten, die einem Leuchtgasverbrauch von einem halben Kilogramm

Abb. 4. Viktor Kaplan als Hochschüler mit dem Band der deutschen Lesehalle.

Abb. 5. Viktor Kaplan als Konstrukteur an der Deutschen Technischen Hochschule in Brünn.

entsprechen und die theoretisch 7,85 PS ergeben, wird in kleineren Motoren eine effektive Leistung von nur einer Pferdekraft erzielt.

Der in das Kühlwasser allein verlorengehende Betrag an Wärme entspricht einer Arbeitsleistung, welche die wirkliche Nutzleistung nahezu um das Dreifache übertrifft. Ebenso ist auch die mit den Auspuffgasen abgeführte Wärme sehr beträchtlich. Meine Erfindung, welche in allen Kulturstaaten zum Patente angemeldet wurde, besteht nun darin, hochkomprimierte oder verflüssigte Gase nach dem Moment der Explosion in den Explosionsraum des Motors einzuspritzen, um einerseits die Wasserkühlung entbehrlich zu machen, anderseits die sonst an die Wasserkühlung abgegebene Wärme an das eingespritzte Gas (vorzugsweise Luft) zu übertragen. Dadurch wird bei der nun folgenden Expansion der Motorgase dieser Betrag an Wärme in Arbeit umgesetzt. Je nachdem man nun an einen Motor die Forderung billigen Betriebes oder leichten Gewichtes stellt, ergeben sich zwei von-

unter dem Titel „Ein neuer Explosionsmotor" erschienen ist. Vgl. auch die „Deutsche Zeitung" vom 8. März 1903 und die „Reichswehr" vom 18. März 1903.

einander verschiedene konstruktive Durchführungen. Ist die Billigkeit der Betriebskosten verlangt, was bei einem Stabilmotor wohl die Hauptsache ist, so wird sich zur Einspritzung am besten Luft eignen, da bei dieser von einem Preise nicht gesprochen werden kann. Wie ersichtlich, sind die Vorgänge mit jenem eines Explosionsmotors gewöhnlicher Bauart im Anfang gleich und erst nach der Explosion findet der abweichende Vorgang statt, welcher darin besteht, daß in dem Moment, in welchem die Explosion vorüber ist, durch ein gesteuertes Ventil eine solche Menge Luft von niederer Temperatur in den Explosionsraum eingespritzt wird, daß die entstehende Mischtemperatur niedrig genug ist, um eine Wasserkühlung entbehrlich zu machen.

Selbstverständlich ist dieser Vorgang nur dann möglich, wenn die Luft vorher durch einen Kompressor auf eine Spannung gebracht wurde, welche größer ist als die Explosionsspannung. Die eingespritzte Luft von niederer Temperatur mischt sich jetzt mit den heißen explodierten Gasen und es tritt ein Wärmeaustausch ein. Gleichzeitig hat auch eine Druckerhöhung stattgefunden, da sich durch die Lufteinspritzung die Gewichtsmenge des Arbeitsmediums vermehrt hat. Die Wärmemitteilung an die eingespritzte Luft hat aber eine Volums- bzw. Druckvergrößerung der letzteren zur Folge, welche durch die nun folgende Expansion des Gemisches in äußere Arbeit umgesetzt wird. Die theoretischen Untersuchungen, welche ich als Doktordissertation der k. k. Technischen Hochschule in Wien eingereicht habe, zeigen, daß die auf diese Weise erzielte Mehrleistung sehr bedeutend ist, daß sie nämlich jene der Motoren mit Wasserkühlung rund um das Vierfache übertrifft.

Die Abnahme der Explosionstemperatur ist durch Einspritzen von 30 kg Luft pro Stunde und Pferdekraft schon ziemlich beträchtlich und beträgt rund 1200 Grad.

Interessant ist ein Vergleich dieses Einspritz-Explosionsmotors mit dem Dieselmotor, welcher derzeit als der vollkommenste aller Motoren angesehen werden kann.

Es würde sich diesem gegenüber eine Verbesserung noch um 23 Prozent ergeben.

Was die zweite Motortype anlangt, welche sich durch die relative Leichtigkeit auszeichnen soll, so ist vor allem klar, daß sich zu diesem Zwecke vorzugsweise verflüssigte Gase eignen werden, da dieselben im verflüssigten Zustand einen kleinen Raum einnehmen und bei gewöhnlicher Temperatur hohe Expansivkraft besitzen. Ich habe vorzugsweise die flüssige Kohlensäure meinen theoretischen Untersuchungen zugrunde gelegt.

Die Berechnungen stellen auch hier eine bedeutende Mehrleistung an Nutzarbeit in Aussicht, was sich leicht erklärt durch die hohe Expansivkraft (rund 45 Atmosphären) der flüssigen Kohlensäure. Die Mehrleistung an Arbeit beträgt rund 400 Prozent. Er leistet also bei demselben Gewicht das Vierfache.

Aus diesem Grunde dürfte daher der Kohlensäure-Explosionsmotor geeignet sein, nicht nur eine Umwälzung im Automobilmotorenbau hervorzurufen, sondern auch zur Lösung des Luftschiffproblems, das nach Ansicht von Fachleuten nur mehr eine Motorenfrage genannt werden kann, mit Erfolg beizutragen."

Dieser Vortrag, den Kaplan am 17. März 1903 im Wiener Ingenieur- und Architekten-Verein gehalten hat, dessen Inhalt durch die Tageszeitungen „Die Zeit" und „Die Reichswehr" rasch verbreitet wurde, hatte für Kaplan unangenehme Folgen. Er befand sich eben auf Urlaub, als ihm ein Schreiben der Direktion der

Leobersdorfer Fabrik zugestellt wurde, worin die Firma seine Stellung ab 30. Juni 1903 kündigte. Es ist begreiflich, daß eine Firma, welche gerade die Fabrikation des Dieselmotors aufgenommen hatte und dessen Güte entsprechend hervorhob, nicht besonders erbaut sein konnte, wenn einer ihrer Ingenieure in einem Vortrag ausführte, daß sein neuer Motor den Dieselmotor um 23% übertreffen werde. Anderseits muß man sich aber auch in die Lage des jungen Ingenieurs versetzen, der, begeistert von seiner Idee, die Worte nicht auf die Waagschale legte und nun plötzlich eine unerwartete Kündigung erhält. Besonders ernst scheint es übrigens die Direktion mit der Kündigung nicht genommen zu haben, denn auf Grund eines bestürzten Schreibens von KAPLAN und einer entsprechenden Erklärung von seiner Seite wurde diese Kündigung bald wieder zurückgenommen. KAPLAN blieb weiter Ingenieur in Leobersdorf, aber der Vorfall löste bei ihm doch das Streben aus, seine Stellung zu wechseln und an jene Stätte zu gelangen, wo er ungestört seinen Untersuchungen nachgehen könne. Die Motorangelegenheit bedeutete außer einem Stellungswechsel noch einen anderen Wendepunkt in seinem Leben, der hier näher besprochen sei.

Wie aus seinen eigenen Ausführungen hervorgeht, hatte KAPLAN den Grundgedanken des neuen Motors unter dem Titel: „Theoretische Untersuchungen über die Beeinflussung des thermischen Wirkungsgrades durch Einspritzen von komprimierter Luft, bzw. Kohlensäure in den Explosionsraum eines Explosionsmotors“ als Dissertation an der Wiener Technischen Hochschule eingereicht. Diese Arbeit, welche rein theoretisch gehalten ist, wurde KAPLAN mit dem Bedeuten, die Untersuchungen durch Vornahme von Versuchen zu ergänzen, zurückgestellt; wohlgemerkt, nicht abgewiesen, sondern behufs Ergänzung zurückgegeben. Einer neuerlichen Einreichung derselben Arbeit stand nichts im Wege. — KAPLAN empfand aber damals diesen Bescheid als große Härte. Später jedoch kennzeichnete er diese Angelegenheit durch folgende Schlagworte: „Der erste Dieselmotor wurde bei Ganz gebaut,[1] große Anregung, theoretische Untersuchungen mit Hilfe der Wärmetheorie angefangen, glaubte, man kann mit Blei und Papier ein neues Gebilde errichten.“...

Diese Bemerkung zeigt, daß KAPLAN später jedenfalls erkannte, daß rein theoretische Untersuchungen allein nicht ausreichen, um in der Technik eine schöpferische Tat zu vollbringen. In Zukunft verließ er auch den experimentellen Weg nie. Die Versuche über den Motor begann KAPLAN in Leobersdorf, sie blieben aber dort unvollendet. Später nahm er sie zwar wieder auf, aber zu einem Abschluß sind diese Versuche mit Rücksicht auf seine Tätigkeit im Turbinenbau nicht gediehen,[2] obwohl KAPLAN manchmal geäußert hat: „Wenn ich mit derselben Energie,

[1] Gemeint ist der erste Dieselmotor, den die Firma GANZ gebaut hat. Die Notiz erliegt im Archiv in Unterach.

[2] Vgl. Zeitschr. d. Österr. Ing.- u. Arch.-Ver. 1912, S. 154. — Als KAPLAN am 30. Jänner 1912 daselbst einen Vortrag: „Versuche über die Sichtbarmachung der Strömungserscheinungen in den Turbinen“ hielt, richtete in der folgenden Diskussion Ing. AUFRICHT an KAPLAN die Anfrage, was aus dem Explosionsmotor geworden sei. KAPLAN antwortete, daß die vielversprechenden Versuche mit demselben unterbrochen werden mußten und erst nach Beendigung der Turbinenversuche von neuem aufgenommen werden sollen.

die ich für meine Turbine aufgewendet habe, mich mit dem Motor beschäftigt hätte, würde auch daraus etwas Rechtes entstanden sein."

Durch den Bescheid über die Dissertation wurde auch die Erlangung des Doktorats hinausgeschoben. KAPLAN scheint dadurch in seinem Streben und in seinen Zukunftsplänen bezüglich der akademischen Laufbahn, die er damals schon einzuschlagen gedachte, behindert worden zu sein. In dieser Zeit ist es sein Vater, der ihn aufrichtet.

„Überall", so heißt es in einem Briefe vom 5. Mai 1903, „wird man von Dir eine längere Praxis, eine erfolgreiche berufliche Tätigkeit verlangen, mit dem Doktortitel allein wirst Du nicht weit kommen. Ich rate Dir daher, zuerst eine intensive Berufstätigkeit zu entwickeln, zu trachten, daß Du eventuell im Auslande Deine Kenntnisse erweiterst; ein junger Mann, der nichts in der Welt mitgemacht, nichts gesehen hat, kann anderen kein Professor sein; denn nur aus dem Heim der Praxis können die technischen Wissenschaften sich weiter entwickeln.

Das lebendige Beispiel hast Du doch an B. v. J.; seit ich ihn kenne, aspiriert er Professor zu werden; wann ist er es geworden? Im reifen Mannesalter, bald 50 Jahre alt, konnte er erst eine Professur erreichen. Du glaubst allen schönen Worten, die die Leute gebrauchen, statt den wahren Wert derselben zu erkennen, bist viel zu sehr von Deinen Erfindungen eingenommen, die ja ein schönes Streben bekunden; dabei darf man aber die nackte Wirklichkeit nicht aus dem Auge lassen und muß sich seinem Berufe vollends widmen, weil man von den geträumten Erfinderreichtümern nicht leben kann und sich kein zweiter HANS (WARHANEK[1]) finden wird, der solche im vorhinein eskomptiert; ich rate Dir daher in vollem Ernste, Dich ganz und voll Deinem Berufe, Deiner beruflichen Tätigkeit hinzugeben, dann wird das andere alles kommen."...

Es sind treffliche Worte, die der Vater an den Sohn richtet! Und doch ist VIKTOR seinen eigenen Weg gegangen. Die Motorangelegenheit hat KAPLAN den richtigen Weg einschlagen lassen; künftighin beruhen seine Arbeiten auf einer glücklichen Synthese von Theorie und Experiment. „Das andere alles" ist, wie der Vater sich ausdrückte, sehr bald gekommen.

Seit dem Kündigungsvorfall trachtete KAPLAN von Leobersdorf fortzukommen. Er richtete an Ämter und Firmen verschiedene Gesuche. Zu seinem Schmerz erhielt er überall vertröstenden aber ablehnenden Bescheid. Was KAPLAN damals nicht ermutigend gefunden haben mag, gereichte ihm später zum Glück und Segen! Ein Zufall führte ihn an jene Stätte, wo er seinem Streben, seinen Fähigkeiten nach hingehörte. Ein Zufall war es nämlich, daß gerade in jenen Tagen Professor DONATH von der Deutschen Technischen Hochschule in Brünn nach Leobersdorf kam und von dem dortigen Stationsvorstand LICHTENSTERN auf KAPLAN aufmerksam gemacht wurde und daß zufällig die Stelle eines Konstrukteurs bei der Lehrkanzel Professor ALFRED MUSIL an der Brünner Hochschule zur Besetzung gelangen sollte. Gleichzeitig bot sich KAPLAN auch die Möglichkeit, bei Professor BAUER an der Bergakademie in Leoben eine Konstrukteurstelle zu erhalten. Er zog aber Brünn vor und trat dort am 31. Oktober 1903 seinen Dienst als Konstrukteur an.

[1] HANS WARHANEK, ein Vetter KAPLANS, unterstützte seinerzeit die Motorangelegenheit geldlich.

III.

Kaplans Tätigkeit in Brünn während der Jahre 1903 bis 1913.

Professor MUSIL. Neukonstruktion der Francisschaufeln. Wissenschaftliche Arbeiten. STOREK. Laboratorium. Versuche. Doktorat. Verheiratung. Privatdozent. Erfindung der Turbine. Erste Patente. Ernennung zum Professor.

Der neue Chef, Professor MUSIL (1846 bis 1924), hatte seine Ausbildung an der Grazer Technischen Hochschule erhalten, war einige Zeit Assistent bei der Lehrkanzel für Maschinenbau an der Technischen Hochschule in Wien, wurde später, nachdem er längere Zeit als Ingenieur in der Praxis tätig gewesen war, Direktor der Fachschule für Maschinenbau in Steyr und erhielt 1890 die Berufung als ordentlicher Professor für Maschinenlehre, Kinematik und Maschinenkunde an die Deutsche Technische Hochschule in Brünn. MUSIL war der richtige Chef für KAPLAN. Voll Verständnis für die zielbewußten Pläne seines Konstrukteurs,[1] ebnete er diesem die Wege der akademischen Laufbahn und förderte dessen Bestrebungen nach Errichtung eines Turbinenlaboratoriums.

Kurze Zeit nach seinem Dienstantritt als Konstrukteur erhielt KAPLAN auch den Auftrag, Vorlesungen über Maschinenkunde abzuhalten.

Der 1905 in der Zeitschrift für die gesamte Kohlensäureindustrie erschienenen Abhandlung „Über die Verwendungsmöglichkeit von hochgespannten, bzw. verflüssigten Gasen im Wärmemotorenbetriebe“ folgen nun in rascher Aufeinanderfolge Arbeiten über Konstruktionen von Francisturbinenschaufeln, die durchgehends in der Zeitschrift für das gesamte Turbinenwesen erschienen sind. Die Titel dieser Arbeiten seien hier angeführt.

„Ein neues Verfahren zur Berechnung und Konstruktion der Francisturbinenschaufel.“ 1905. Heft 8 u. 9. S. 113 u. 129.

„Theoretische Untersuchungen und deren praktische Verwertung zur Bestimmung rationeller Schaufelformen für Schnelläufer.“ 1906. Heft 1 bis 17. S. 2, 25ff.

„Über die rationelle Ausbildung der Laufradbegrenzung von Schnelläufern.“ 1907. Heft 15. S. 234.

Zeigen diese Arbeiten von dem Streben KAPLANS, den Entwurf der Schaufelfläche nach wissenschaftlichen Methoden zu verbessern, so beweisen die beiden folgenden Arbeiten: „Bemerkungen über die praktische Verwendbarkeit der Lorenzschen Turbinentheorie und Vorschläge zur Klarstellung der Wasserbewegung in Kreiselrädern“, Zeitschr. f. d. ges. Turbinenwesen 1907, Heft 5, S. 69, und „Nachweis der Richtigkeit der derzeit gebräuchlichen Turbinentheorien auf Grund von Bremsproben an ausgeführten Turbinenanlagen“, ebenda 1907, Heft 12, 13, S. 189 u. 205, das rege Interesse KAPLANS an den Arbeiten anderer Forscher, welche sein eigenes Arbeitsgebiet betreffen.

Dieses Streben, sich auf allen Gebieten des Turbinenbaues auf dem laufenden zu halten, gibt sich auch in den kleinen Abhandlungen bekannt, die KAPLAN ebenfalls in der Zeitschrift für das gesamte Turbinenwesen veröffentlichte.[2] Durch

---

[1] Vgl. Zeitschr. d. Österr. Ing.- u. Arch.-Ver. Jahrg. 1912, S. 257.

[2] Es sind dies die folgenden Berichte: „Die Wasserkraftanlage der Gesellschaft El Porrenir de Burgos“, 1907, S. 126. — „Hydroelektrisches Kraftwerk Séchilienne sur

diese literarischen Arbeiten und durch Vorträge, welche KAPLAN im Ingenieur- und Architekten-Verein und im Elektrotechnischen Verein in Wien (1905) gehalten hat, wurde bereits die Aufmerksamkeit der Fachwelt auf den jungen Ingenieur gelenkt. Es erfolgte seine Wahl zum ständigen Mitarbeiter der „Zeitschrift für das gesamte Turbinenwesen", der „Fördertechnik", der „Zeitschrift für Mühlen- und Speicherbau", der „Zeitschrift für den Bagger-, Kran- und Kleinbahnbetrieb" sowie der Zeitschrift „Das Hobel- und Sägewerk".

Im Jahre 1908 erschien bei OLDENBOURG in München KAPLANS erstes großes Werk: „Bau rationeller Francisturbinenlaufräder", welches auf Grund seiner früheren Veröffentlichungen entstanden ist. Wenn später noch verschiedene andere Förderer KAPLANS zu nennen sein werden, so verdient als erster R. OLDENBOURG in München hervorgehoben zu werden.

Dieses Buch reichte KAPLAN als Dissertation an der Wiener Technischen Hochschule ein. Hauptreferent für diese Arbeit war der Professor für Wasserkraftmaschinen ARTUR BUDAU.

BUDAU zeigte damals seinen Hörern dieses Werk mit den Worten: „Dieses Buch hat ein dreißigjähriger Ingenieur geschrieben; aus dem wird noch etwas werden." — Wie die Zukunft bewies, hat BUDAU damals richtig prophezeit. Das genannte Werk ist, wie aus den verschiedenen Buchbesprechungen hervorgeht, überall mit Beifall aufgenommen worden.[1]

Im Sommer des Jahres 1908 unternahm KAPLAN eine Nordlandreise auf dem Schiffe „Thalia" und lernte auf dieser Seefahrt seine spätere Frau, Fräulein MARGARETHE STRASSER — eine Nichte Professors v. RADINGER — kennen. Ihr widmete er sein früher genanntes Werk mit folgenden Worten:

„Sinnend oft saß ich an Baches Rand
Und horchte der murmelnden Laute.
Und als ich die Sprache des Bächleins verstand —
Die Weisheit der Schöpfung mit Ehrfurcht empfand —
Da gieng ich — und schrieb, was ich schaute."

Das Jahr 1909 brachte Kaplan viele Freuden und bildete einen neuerlichen Wendepunkt auf seiner Lebensbahn. Zunächst fand im Frühjahr 1909 seine Promotion zum Doktor der technischen Wissenschaften an der Technischen Hochschule in Wien statt; hierauf erfolgte seine Habilitation für Wasserkraftmaschinen an der Deutschen Technischen Hochschule in Brünn und seine Ernennung zum Adjunkten an dieser Hochschule. Am 18. Juli 1909 verehelichte sich KAPLAN mit MARGARETHE STRASSER, die ihm in allen Lebenslagen eine treue, aufopferungsvolle Gattin blieb und ihm zwei Töchter, GRETE und TRAUDL schenkte.

---

la Romanche", 1907, S. 139. — „Die Wasserkraftanlage St. Wolfgang", 1907, S. 172. — „Die Turbinenanlage der mechanischen Weberei in Chotzen", 1907, S. 298. — „Das Elektrizitätswerk Carrion de los Condes", 1907, S. 323. — „Die Turbinenanlage des Elektrizitätswerkes Creuztal", 1907, S. 339.

[1] Vgl. z. B. Zeitschr. d. Österr. Ing.- u. Arch.-Ver. 1909; „Die Turbine", 20. April 1908; Schweiz. Maschinenbauzeitung, 2. April 1908 usw.

Ab 1909 tritt ein Stillstand in der Publikationstätigkeit KAPLANS ein. Der Grund hierfür ist in dem eifrigen Bemühen KAPLANS gelegen, ein Laboratorium für

Sinnend oft saß ich an Baches Rand
Und horchte der murmelnden Laute,
Und als ich die Sprache des Bächleins verstand
Die Weisheit der Schöpfung mit Ehrfurcht empfand
— Da gieng ich — und schrieb, was ich schaute.

Kaplan

Abb. 6. In einem kühlen Grunde.

Wasserturbinen an der Deutschen Technischen Hochschule in Brünn zu errichten. Diese Arbeiten haben ihn ganz in Anspruch genommen. Ingenieur EDWIN STOREK in Brünn hatte die Liebenswürdigkeit, hierüber folgende Notiz zur Verfügung zu stellen: „Man hat viel geschrieben und wird noch manches schreiben über den leider zu bald verschiedenen Erfinder, aber kaum viel, was sein Innerstes erkennen lassen wird. Und dazu will ich beitragen. — Wie ich ihn näher kennenlernte? Ich als Hörer, er als Konstrukteur an der Deutschen Technischen Hochschule in Brünn. — Ich zeichnete im Maschinenzeichnen eine Puchautokupplung nach. ‚Lassen's das,

Abb. 7. Margarethe Kaplan, Gattin Prof. Kaplans.

das ist kein Maschinenbau, das da gehört zu den Nähmaschinen.' Dies war die Einleitung zu einer Debatte, aus welcher im Laufe eines halben Jahres feste Formen für den Bau einer kleinen primitiven Versuchseinrichtung für Wasserturbinen entstanden. Diese ursprüngliche Idee Kaplans war bahnbrechend für die Weiterentwicklung. Kaplan wußte mich so für seine Gedankengänge zu begeistern, daß ich sein erster Jünger wurde. Wie oft und mit wie vielfältigen Gründen mußte der ‚Herr Konstrukteur' im Rektorate und beim Professorenkollegium vorstellig werden, ehe ihm die Räume für dieses Laboratorium, Kellerräume, zur Verfügung gestellt wurden.[1]

[1] Es verdient aber auch die Unterstützung durch Professor Musil hervorgehoben zu werden.

Schon das Ausfindigmachen der Räume und ihr Erlangen allein können als Beweis dafür dienen, daß Kaplan von seiner Idee, im Wasserturbinenbau etwas Großes zu schaffen, voll und ganz besessen war.

Nun kamen die technischen Schätzungen, Überlegungen, wie klein kann die Anlage sein, damit sie noch brauchbare Meßwerte ergeben kann, wie niedrig das Gefälle, wie soll so ein Maschinchen gebremst, wie Gefälle und Wassermenge gemessen werden und dergleichen mehr. Ich weiß nicht, wie lange der damals ganz jung verheiratete Forscher über jedes dieser Probleme nachdachte, wieweit seine junge Frau darunter zu leiden hatte; mir schien es aber, daß er die Dimensionen seines Laboratoriums, die, wie sich später zeigte, brauchbar waren, mit schlafwandlerischer Sicherheit getroffen hat.

Nun der Bau des Francislaufrades von 185 mm Durchmesser. Das sollte nicht nur richtig in den Formen und Abmessungen sein, sondern mußte bei geringen Anschaffungskosten auch halten. Die Herstellung der kleinen Gesenke für die Schaufeln, die Verbindungen der Schaufeln zum Rade, die Festigkeitsproben und viele andere Probleme, die auftauchten und immer wieder gelöst werden mußten, beanspruchten das Genie in jeder Weise.

Kaplan machte außerdem noch Vorversuche. Jeder Wasserauslaß, auch die Badewanne, während er sie benutzte, waren ihm Laboratorium. Bei diesen Gelegenheiten schuf er seinen dem Clement Thénardschen Phänomen entsprechenden Krümmer. Nun hieß es noch Glassaugrohre, Pumpen und Gefäße zu beschaffen, und als all dies richtig zusammengebaut worden war, war die Generalprobe.

Die Pumpen sangen, die Wasserleitung rauschte, das Oberwasserreservoir war vollgelaufen und nun hieß es: Wasser zur Turbine!

Kaplan stand am Hebel, um den Kegel des Ablasses zu heben, es ging nicht, wie er auch zog und drückte. Als ich zu Hilfe gerufen wurde, ging es zu viel, bald schwamm der ganze Keller, ich stand bis zu den Knöcheln im Wasser, während er unbekümmert auf das Oberwasserreservoir geklettert war und gebannt das Drehen der Turbine und das Strömen des zu- und ablaufenden Wassers verfolgte."...

Im Jahre 1910 erschien in den Mitteilungen des Deutschen Ingenieur-Vereines in Mähren eine Arbeit Kaplans: „Über den gegenwärtigen Stand der Theorie und Praxis des Wasserturbinenbaues", und im Jahre 1911 eine ähnliche Arbeit, betitelt: „Die Entwicklung der Theorie und des Baues der Wasserkraftmaschinen" im Mühlen- und Speicherbau (S. 205). Über den Inhalt dieser Arbeiten sei hier mit Rücksicht auf die spätere Würdigung der Kaplanturbine einiges berichtet, sagt doch Kaplan in der letztgenannten Arbeit wörtlich: „Es erscheint daher zweckmäßig, den gegenwärtigen Stand der Wasserkraftausnutzung zu beleuchten und durch einen kurzen Rückblick auf die bisherigen Erfolge die vermutliche Weiterentwicklung dieses mächtig aufstrebenden Industriezweiges zu entwerfen." Schon aus diesem Grunde sind jene Arbeiten interessant. Kaplan geht von der Betrachtung des Wasserrades aus, dem er vollkommen gerecht wird. Trotz aller Wasserturbinen wird das bescheidene Wasserrad wegen seiner Billigkeit erhalten bleiben. Aber größere Energiemengen können praktisch wegen der damit verbundenen Abnahme der Drehzahlen nicht gewonnen werden. Der Antrieb der neuzeitlichen Arbeitsmaschinen erfordert jedoch hohe Drehzahlen, was beim Wasserrad nur durch Einschaltung von Übersetzungsgetrieben erreicht werden konnte, wodurch aber der Wirkungsgrad verringert wird.

KAPLAN erwähnt dann einiges aus der Geschichte der Wasserturbinen, das Auftreten der Fourneyron-Turbine, welcher im Jahre 1839 die axiale Henschel-Jonval-Turbine folgte. Die Wellen dieser Turbinen waren meist vertikal, daher konnten Transmissionswellen erst durch Einbau von konischen Rädern angetrieben werden, wodurch gleichfalls die Kosten der Anlage verteuert und der Wirkungsgrad vermindert wurde. Durch die Elektrotechnische Ausstellung in Frankfurt am Main im Jahre 1891 erhielt der Wasserturbinenbau einen neuen Impuls. Hier wurde zum ersten Male, dank der Initiative OSKAR v. MILLERS, der in Lauffen am Neckar durch eine Wasserturbine erzeugte Drehstrom vermittels einer 175 km langen Fernleitung nach Frankfurt am Main übertragen. Die Verwertung der Wasserkraft zur Erzeugung elektrischer Energie war mit der Forderung hoher Umlaufzahlen verbunden. Hierfür waren aber die Jonval- und Girard-Turbinen mit ihren geringen Drehzahlen nicht geeignet, weil sie den Einbau von teuren Transmissionen erforderten.

Abb. 8. Ignaz Storek (1862–1918).

Zwischen der Leistung L, dem Kraftmomente M und der Drehgeschwindigkeit ω besteht folgende Beziehung:

$$L = M \cdot \omega.$$

Um also eine bestimmte Leistung zu erhalten, kann man ein großes Moment und eine kleine Drehgeschwindigkeit oder ein kleines Moment und eine große Drehgeschwindigkeit verwenden. Ein kleines Kraftmoment bedeutet aber auch kleine Abmessungen der Kraftmaschine, daher verbilligt ein schnellaufender Generator die Kosten. Die vorhin genannten Turbinen wurden durch die Francisturbine[1] und das Peltonrad verdrängt. Die Francisturbine ist eine von außen beaufschlagte Radialturbine mit annähernd axialem Wasseraustritt, deren Laufrad die Anbringung eines Saugrohres gestattet. Das Laufrad (Abb. 22) besteht aus einer Anzahl räumlich gekrümmter Zellen, welche durch die Schaufeln und Radwandungen begrenzt sind. In Amerika wurden die Schaufeln und Laufradformen der Francisturbine rein empirisch gewonnen, während man in deutschen Landen die Theorie mächtig ent-

[1] Über die Geschichte dieser Turbine, welche in Deutschland bereits in der REDTENBACHER-Turbine ihren Vorläufer hatte, vgl. die Arbeit von R. REINDL: „Entwicklung der Wasserkraftnutzung und Verwertung der Wasserkräfte", Wasserkraftjahrbuch 1924.

wickelte und Konstruktionen schuf, die dann von Amerika wieder übernommen worden sind.

In der Schrift[1] „Versuche über das Sichtbarmachen der Wasserströmung in den Turbinen und dessen Verwertung in der wissenschaftlichen Forschung" hebt KAPLAN ausdrücklich die Notwendigkeit des wissenschaftlichen Versuches bei Klarlegung der Strömungsvorgänge hervor. In jener Arbeit gibt KAPLAN auch eine Beschreibung des nach seinen Angaben bei der Lehrkanzel für Maschinenlehre und Maschinenbau errichteten Turbinenlaboratoriums. Dieses soll einerseits für Unterrichtszwecke, anderseits auch der Forschung dienen. Die Versuchsturbine lieferte die Firma STOREK, deren Chef IGNAZ STOREK immer ein warmer Förderer KAPLANS gewesen ist. Die gläsernen Saugrohre spendete die Firma REICH in Gaya und die Pumpen wurden von der Brünn-Königsfelder Maschinenfabrik zur Verfügung gestellt. Dieses Laboratorium war in einem Keller des Neubaues der Hochschule untergebracht. KAPLAN war das Vorhandensein ausgezeichneter Laboratorien bei Turbinenfabriken wohlbekannt. „Leider" — so berichtet er in dem Aufsatz im „Mühlen- und Speicherbau" — „dringen deren Ergebnisse fast nie an die Öffentlichkeit — aus begreiflichen Gründen —, doch wird dadurch die Möglichkeit wissenschaftlichen Forschens sehr erschwert. Schon aus diesem Grunde wäre es von größtem Wert, durch weitestgehende Ausbildung hydraulischer Laboratorien an den technischen Hochschulen klärend zu wirken, denn die gefundenen Ergebnisse kämen nicht nur der Wissenschaft, sondern auch dem Wohle des Staates zugute."

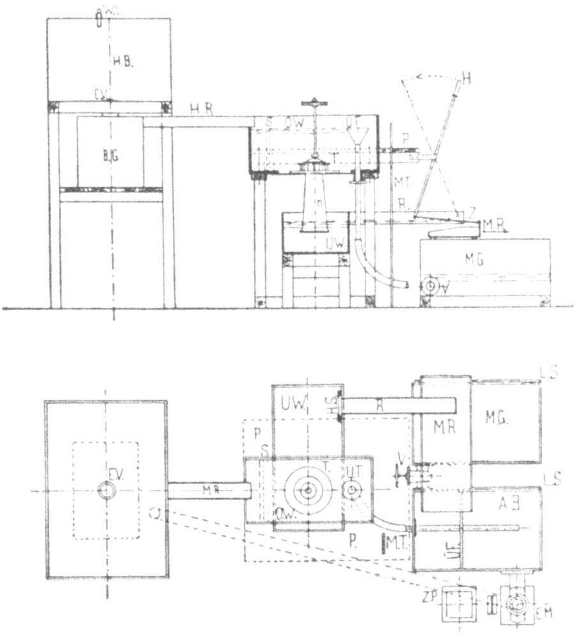

Abb. 9. Turbinenlaboratorium an der Deutschen Technischen Hochschule in Brünn.

Wenn also auch anderswo in Turbinenfabriken und Hochschulen größere und weitaus besser eingerichtete Laboratorien vorhanden waren, so wurde doch in der bescheidenen Versuchsanstalt der Deutschen Technischen Hochschule in Brünn der Grund zu der schnelläufigen Flügelradturbine gelegt, und daß diese in dem kleinen Laboratorium mit so einfachen Mitteln ausgebildet wurde, gibt Zeugnis von der schöpferischen Kraft KAPLANS.

Im nachfolgenden sei eine kurze Beschreibung der Einrichtung des ursprünglichen Laboratoriums gegeben (vgl. Abb. 9).

[1] „Mitteilungen des k. k. techn. Versuchsamtes, Wien, I. Jahrg. 1912, 2. u. 3. Heft.

Aus einem Hochbehälter strömt das Wasser in den Oberwasserkasten, von hier durch das Leit- und Laufrad und durch das Saugrohr in den Unterwasserkasten. Es ist dann die Möglichkeit geboten, das Wasser entweder in ein Meßgefäß oder in den Ansaugbehälter fließen zu lassen, von wo es durch Kreiselpumpen in den Hochbehälter zurückbefördert wird. Abb. 10 zeigt die Turbine mit dem gläsernen Saugrohr. Durch dieses gläserne Saugrohr war es erstmalig ermöglicht worden, die Strömungsvorgänge im Saugrohr sichtbar zu machen und daraus Schlüsse auf die Brauchbarkeit des Laufrades zu ziehen. KAPLAN brachte nämlich eine an einem U-förmigen Draht befestigte Hanffahne in das mit strömender Flüssigkeit erfüllte Saugrohr (Abb. 11). Erfolgt die Strömung aus dem Laufrad „wirbelfrei", dann stellen sich die Fahnen parallel. Verläuft dagegen die Strömung wirbelnd, so werden die Fäden vom Wasserwirbel erfaßt. Wirbel bedeuten aber Energieverluste; ein solches Laufrad muß demnach einen geringeren Wirkungsgrad aufweisen als jenes, bei welchem der Austritt des Wassers wirbelfrei erfolgt. Es hört sich diese Beschreibung recht einfach an, aber wievieler Versuche hat es bedurft, um endlich das brauchbare Mittel der Hanffäden zu finden. Über die verschiedenen ausgeführten Versuche vergleiche man KAPLANS eigene Mitteilungen.[1]

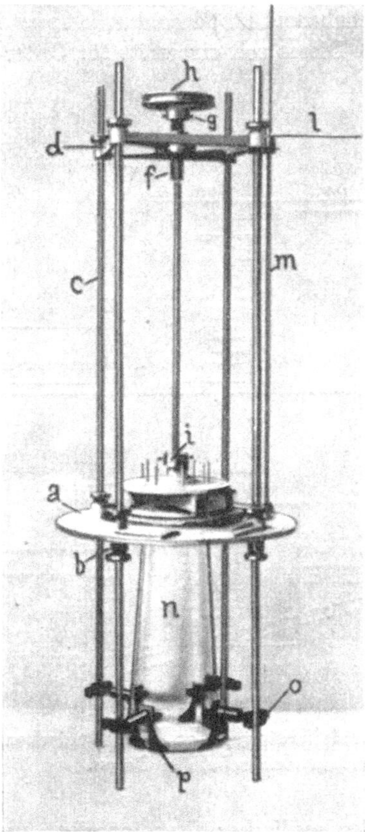

Abb. 10. Versuchsturbine mit gläsernem Saugrohr.

Diese Versuche waren aber auch von theoretischen Erwägungen begleitet. Schon in der obgenannten Schrift bespricht KAPLAN ein Laufrad, welches von ihm nach einer neuen Theorie entworfen worden sei und welches einen Wirkungsgrad von 80% besitze. Diese neue Theorie trägt dem Vorhandensein der Reibung bei der zweidimensionalen Strömung wesentlich Rechnung. Da die analytische Behandlung sich zu verwickelt gestaltet, so wendet KAPLAN graphische Näherungsverfahren an. Jedenfalls sind seine Methoden besser als nichts. Die sogenannte „Theorie" ist ihm nicht Selbstzweck, sondern soll Anhaltspunkte für die Konstruktion liefern, deren Richtigkeit der Versuch bestätigt oder verneint. Diesem Streben KAPLANS, auf Grund von theoretischen Überlegungen Anhaltspunkte zur Konstruktion von Laufrädern zu gewinnen, sind die Arbeiten über Reibungswiderstände in Zellen, über Energieverluste in Düsen und Saugrohren (Zeitschr. f. d. ges.

[1] „Einrichtung und Versuchsergebnisse des Turbinenlaboratoriums an der Deutschen Technischen Hochschule in Brünn." Zeitschr. d. Österr. Ing.- u. Arch.-Ver. 1912, S. 257; ferner „Mitteilungen" des k. k. techn. Versuchsamtes in Wien, 1912.

Turbinenwesen 1912, S. 83) sowie die Untersuchungen über die Gesetze der Flüssigkeitsströmung bei Berücksichtigung der Flüssigkeits- und Wandreibung unter Zuhilfenahme der Analogie zwischen den Bewegungsgleichungen zäher Flüssigkeiten und den Gleichungen der Wärmeleitung (Zeitschr. d. Ver. dtsch. Ing. 1912, S. 1578) und dann die besonders wichtige und interessante Schrift „Die zweidimensionale Turbinentheorie mit Berücksichtigung der Wasserreibung und deren Anwendung und Ergebnisse bei Schaufelkonstruktionen" (Zeitschr. f. d. ges. Turbinenwesen 1912, Heft 34 bis 36) zuzuschreiben.

Wer diese Arbeiten aufmerksam liest, der kommt zur Überzeugung, daß KAPLAN diese Untersuchungen zu einem bestimmten Zweck ausgeführt hat. Diesen gibt er auch in der letztgenannten Arbeit vom Jahre 1912 ausdrücklich an. Will man den Wirkungsgrad der Turbine erhöhen, höhere Schnelläufigkeit erzielen, so nehme man wenig und sanftgekrümmte Schaufeln. Nach Studium dieser Arbeiten sind die folgenden Patentanmeldungen ohne weiteres verständlich. Am 28. Dezember 1912 reichte KAPLAN beim österreichischen Patentamt die „Kreiselmaschine I" mit radialem Leitrad und vorwiegend axial durchflossenem Laufrad (österr. Patent Nr. 74388) ein, dem am 19. September 1913 die „Kreiselmaschine II" mit weitem schaufellosem Raum zwischen dem vorwiegend radialen Leitrad und dem vorwiegend axialen Laufrad (österr. Patent Nr. 86511) folgte und der bereits am 7. August 1913 die Anmeldung über die „Regulierung I Hauptpatent", d. i. die Kreiselmaschine mit drehbaren Laufradschaufeln, (österr. Patent Nr. 74244) vorausgegangen war. Wenn man ferner berücksichtigt, daß am 6. Oktober 1913 auch die Anmeldung „Laufrad I, Hauptpatent" erfolgte, welche das Laufrad ohne Zellen betrifft, wobei die Profillänge kürzer als die zugehörige Schaufelteilung ist (österr. Patent Nr. 73820), so ist der Schluß gerechtfertigt, daß KAPLAN bereits im Jahre 1912 zu seiner Erfindung gelangt war. Wir werden hören, warum die Welt erst viel später von dem eigentlichen Wesen der Erfindung erfuhr.

Abb. 11. Gläserne Saugrohre. Versuche mit Hanffahnen.

KAPLAN hatte also im Jahre 1910 ein Laboratorium erhalten und konnte nun seinen Forschungen nachgehen. Sobald es seine dienstliche Inanspruchnahme zuließ, verschwand er im Laboratorium und probierte seine ersonnenen Laufräder aus. War schon das Licht in allen Stockwerken des Hochschulgebäudes erloschen, so konnte man noch spät abends die erleuchteten Kellerräume wahrnehmen und das Rauschen des Wassers und das Arbeiten der Pumpen daselbst von der Straße aus vernehmen.

Daß der dauernde Aufenthalt KAPLANS in diesen feuchten Kellerräumen seinem Gesundheitszustand nicht förderlich war, kann wohl nicht bestritten werden. Kehrte er dann nachts heim, so finden wir ihn nach einem flüchtig eingenommenen

Abendessen wieder an seinem Schreibtisch sitzen und bis in die tiefe Nacht hinein seinen hydraulischen Problemen hingegeben. Bei dieser anstrengenden Tätigkeit war ein längerer Schlaf eine Notwendigkeit, der zufolge KAPLAN in der Früh auch gerade noch zur rechten Zeit ins Kolleg eilte.

Diesen Umstand hat auch sein Vater ganz richtig vorausgesehen; denn in einem humorvoll gehaltenen Brief aus dieser Zeit findet sich folgende Stelle: „Ich fürchte nur, daß Du den Wecker nicht hören und öfter das Kollegium, bzw. die Vorlesungen versäumen wirst; da könntest Du den Wecker mit einer Maschine in Verbindung setzen, die Dich zur angegebenen Zeit fest rüttelt, eventuell aus dem Bette hebt, so eine Kranvorrichtung ließe sich gewiß konstruieren."

Jeder akademische Lehrer hat das Bestreben, der akademischen Jugend die Ergebnisse seiner Arbeit mitzuteilen und es ist daher selbstverständlich, daß KAPLAN seine Hörer mit seinen Forschungen vertraut gemacht hat. Über seine Vorlesungstätigkeit berichtet einer seiner ehemaligen Hörer, Ing. KARL KNIRSCH[1] in Hohenau, folgendes:

„Dr. KAPLAN trug seinerzeit, es war im Studienjahr 1912/13, schon seine Vorlesungen über Wasserturbinen vor und hatte einen sehr guten Ruf unter der gesamten Hörerschaft, um so mehr, da er seine Vorträge sehr interessant gestaltete und stets von seiner Theorie schon uns jüngeren Hörern Mitteilung machte, wie er in seinem Versuchslaboratorium an seiner konstruierten Wasserturbine neue, ganz unbekannte Wege der Wasserströmung durch Färbung des hindurchströmenden Wassers festgestellt hat, worüber er oft selbst mit freudestrahlendem Antlitz uns wie ein leuchtender Stern am wissenschaftlichen Firmament vorkam. Daß es uns Jungen gegönnt war, mit einer so hervorragenden Kapazität zusammenzukommen, war unsere größte Freude. In seinem echt wienerischen Dialekt hielt er uns seine Vorträge über das bisher Gefundene und erläuterte uns seine Theorie, was wir leider zu jener Zeit noch nicht ganz erfassen konnten, denn unser Verständnis war noch nicht so weit wissenschaftlich gedrillt, um all das auffassen zu können, was uns Dr. KAPLAN so aus dem Stegreif über seine Turbine erzählte. Seine Vorlesungen waren gegenüber jenen anderer Professoren stets sehr gut besucht. Ab und zu kam es auch vor, daß zur angesagten Vorlesungsstunde unser lieber Doktor nicht erschien und wir auf ihn sehr lange warten mußten. Plötzlich raste er zur Türe herein wie der fliegende Holländer und entschuldigte sich mit folgenden Worten: ‚Es war gerade wieder eine strenge Untersuchung an meiner Wasserturbine und in meine Arbeit ganz vertieft, vergaß ich, daß heute Vorlesung sei.'"

Die akademische Jugend hat über die Güte ihrer Lehrer immer eine ganz richtige Empfindung und hat auch mit ihrem Urteil über KAPLAN recht behalten. — Schulfuchserei und Pedanterie waren KAPLAN fremd.

Aber nicht nur bei der studierenden Jugend, auch bei dem gesamten Lehrkörper der Deutschen Technischen Hochschule in Brünn erfreute sich KAPLAN der uneingeschränkten Wertschätzung und Sympathie. Der Name des Privatdozenten KAPLAN stand damals schon in der Gelehrtenwelt und in der Industrie in hohem Ansehen. Ein Beweis dafür ist das Berufungsschreiben der Technischen Hochschule

[1] Dieser Bericht wurde von Hofrat Ing. F. OSSWALD zur Verfügung gestellt.

in Aachen im Jahre 1912 und seine Ernennung zum außerordentlichen Professor ad personam für Maschinenbau mit besonderer Berücksichtigung der Wasserturbinen am 20. Dezember 1913 an der Deutschen Technischen Hochschule in Brünn, durch welche Ernennung es der österreichischen Unterrichtsverwaltung gelungen war, KAPLAN für Österreich zu erhalten.[1]

Nun hatte KAPLAN sein Ziel erreicht. In gesicherter Lebensstellung, befreit von finanziellen Nöten und von einer sorgenden, sein Wesen verstehenden Gattin betreut, konnte KAPLAN sich ganz seinen wissenschaftlichen Forschungen widmen.

IV.

Die Zeit der Kämpfe, Erfolge und Rückschläge.

Vorträge. Verhandlungen mit Firmen. Vortrag im Ingenieur- und Architekten-Verein. Allgemeines über KAPLANS Laufräder. Vorteile seiner Turbine. Weitere Veröffentlichungen. Die Turbine in Velm. Professor BUDAU. Rochuspoint. Kavitation. Schwere Erkrankung. Allmähliche Erholung. Großkraftwerke.

In der Zeit von 1913 bis 1916 sind außer einem Bericht über eine Studienreise (vgl. Zeitschr. d. Österr. Ing.- u. Arch.-Vereins 1913, S. 219 und Wasserwirtschaft 1913, S. 53) und einem Bericht über einen im Deutschen Ingenieur-Verein in Brünn gehaltenen Vortrag, betitelt „Neuerungen im Wasserkraftmaschinenbau", keine Veröffentlichungen von KAPLAN erschienen.

Überhaupt ist KAPLAN, wenn man von dem Vortragszyklus über „Das Maschinenzeitalter", welchen er in den volkstümlichen Hochschulkursen im Studienjahr 1913/14 in Brünn gehalten hat, absieht, bis zum Jahre 1917 in der Öffentlichkeit nicht hervorgetreten.

Seine Tätigkeit war ganz der Vornahme von Versuchen im Laboratorium und der Ausarbeitung seiner Patentschriften gewidmet; auch nahm ihn der Schriftwechsel mit den Firmen behufs Verwertung seiner Erfindung stark in Anspruch.

Am 16. Mai 1913 verständigte KAPLAN[2] verschiedene Turbinenfirmen brieflich, daß es ihm gelungen sei, mit neuen Laufrädern spezifische Drehzahlen und Wirkungsgrade zu erhalten, welche die bisher erreichten Werte weit übertreffen, und lud die Firmen zum Besuch und zur Erwerbung seiner Erfindung ein.

Dieser Einladung wurde auch entsprochen. Aus den darüber vorliegenden Veröffentlichungen,[3] sowohl von seiten KAPLANS als auch von seiten der Firmenvertreter, ist zu entnehmen, daß die Vorführungen und Bremsungen im Brünner Laboratorium tatsächlich die von KAPLAN angegebenen hohen spezifischen Drehzahlen und Wirkungsgrade ergeben hatten.

Aber wir lesen daselbst auch, daß die Firmenvertreter den Optimismus KAPLANS auf Grund *dieser* Versuche, mit Rücksicht auf die Gefällshöhe von nur 60 cm und den Laufraddurchmesser von 10 cm, vor allem aber weil das Laufrad der Turbine ganz verdeckt war, noch *nicht* zu teilen vermochten.

---

[1] Seine Ernennung zum ordentlichen Professor erfolgte im Mai 1918.

[2] Vgl. Die Wasserwirtschaft, 1917, S. 365.

[3] Vgl. Die Wasserwirtschaft, 1917, S. 147 u. 365.

Versuchen wir uns die Standpunkte beider Partner verständlich zu machen. KAPLAN hätte zwei Möglichkeiten gehabt, mit seiner Erfindung hervorzutreten. Er hätte die Ergebnisse seiner Untersuchungen in einer wissenschaftlichen Zeitschrift oder in Buchform veröffentlichen und die Verwertung seiner mühevollen Arbeit kostenlos anderen überlassen können. Er wäre dabei ebenfalls zu hohem Ansehen gelangt, aber man kann überzeugt sein, ein „Federkrieg" wäre ihm nicht erspart geblieben. Es hätte gewiß auch nicht an Stimmen gefehlt, die an diesen theoretischen Ausführungen Mängel entdeckt und die „neue Turbine" als eine „Utopie" mit ein paar Federstrichen abgetan hätten, wie es ja auch, obwohl KAPLAN einen anderen Weg eingeschlagen hat, tatsächlich geschehen ist. Die zweite Möglichkeit bestand darin, daß KAPLAN über seine Turbine nichts veröffentlichte, sondern bestrebt war, mit der Industrie Fühlung zu nehmen und diese für die Verwertung seiner Erfindung zu gewinnen trachtete. Daß es ihm gelungen ist, sich auch in dem folgenden Kampf um die Verwertung seiner Erfindung zu behaupten, beweist, daß KAPLAN auch über die Fähigkeit des „Sichdurchsetzens" verfügte, eine Eigenschaft, die manchem Erfinder leider fehlt und deren Mangel als eine der Hauptursachen des Erfinderelends anzusehen ist.

KAPLAN gehörte der Gelehrtenwelt an, reines wissenschaftliches Streben zeichnete seine Arbeit bis dahin aus. Ganz allmählich kam er auf Grund seiner wissenschaftlichen Überlegungen zu einer neuen Turbine mit hoher spezifischer Drehzahl[1] und hohem Wirkungsgrad. Durchdrungen von der Richtigkeit seiner Ideen, mit kühnem Forscherblick manches als richtig erkennend, wofür der exakte Beweis noch ausstand, von reinstem Optimismus bezüglich seiner Konstruktion beseelt, mußte er bei seiner Handlungsweise mit jener Welt in Widerstreit geraten, die eine Erfindung nicht nach bloßen Ideen, sondern nur nach wirtschaftlichen, Erfolg versprechenden Tatsachen wertet und auch nur nach diesen werten darf. Ein großes Industrieunternehmen, das tausende Arbeiter versorgt, das notwendigerweise bei dem heißen Konkurrenzkampf bestrebt sein muß, seine Position durch Lieferung von gediegener Ware zu behaupten, sträubt sich natürlich, eine Erfindung, auch wenn sie wissenschaftlich begründet ist, ohne praktische Erprobung einzuführen und anzubieten. Diese beiden grundsätzlich verschieden eingestellten Welten mußten zunächst aneinanderprallen. Auf der einen Seite der vorwärtsdrängende, von der Güte seiner Erfindung ehrlich überzeugte Erfinder, auf der anderen Seite die nüchtern urteilende, alles genau überlegende Großindustrie. Das Zögern derselben, die Vereinigung mehrerer Firmen zu einem Syndikat, die Kenntnis des widrigen Schicksals mancher Erfinder hatten KAPLAN mißtrauisch werden lassen. Anderseits waren die Patente, wenn auch angemeldet, doch noch nicht erteilt. Wer leistete den Firmen Gewähr, falls sie Verträge in diesem Augenblick abschließen, daß nicht ein Patenteinspruch von fremder Seite erfolge. Nur so ist die Tatsache zu verstehen, daß manche Firmen, welche mit KAPLAN in Verbindung

[1] Aus der Formel für die spez. Drehzahl $n_s = \frac{n\sqrt{N}}{H\sqrt[4]{H}}$, wobei n die Umdrehungszahl je Minute, N die Leistung in Pferdestärken und H die Gefällshöhe in Meter bedeuten, ergibt sich, daß n_s auch jene Drehzahl angibt, welche die Turbine bei $H = 1$ m und $N = 1$ PS hätte.

treten wollten, selbst Einspruch gegen dessen Patentanmeldungen erhoben,[1] um sich zu überzeugen, wie weit die Patentansprüche hieb- und stichfest seien. Solche Einsprüche mußten aber wiederum bei KAPLAN die Empfindung auslösen, man wolle seine Erfindung um ihrer Neuheit willen bekämpfen.

Und so kam, was kommen mußte, ein Kampf, der KAPLANS Energie ganz in Anspruch nahm und seinen Nerven nicht zuträglich gewesen ist. Aus diesem Kampfe um seine Patente — es sei hier vorweggenommen — ist KAPLAN als Sieger hervorgegangen; aber seine Gesundheit war der Preis dafür. War KAPLAN bis zum Jahre 1913 mit Erfolg auf wissenschaftlichem Gebiete tätig, so sehen wir ihn von hier ab auf patentrechtlichem und geschäftlichem Gebiete notgedrungen eine recht rege Tätigkeit entfalten. Dabei verstand er es ganz meisterhaft, die Feder gegen seine Gegner zu führen. Es sei erwähnt, daß KAPLAN bei seinen Schwägern FRANZ STRASSER in Wien und Rat KARL HEILINGER, Großindustriellen in Deutsch-Wagram, fachkundige Unterstützung in der Verwertung seiner Patente gefunden hat. Auch des zu Rate gezogenen Rechtsanwaltes Dr. ADOLF GALLIA sei hier gedacht, welcher, als ein in Patentangelegenheiten erfahrener Jurist, die Bedeutung der KAPLAN-turbine richtig erkannt hat.

Es ließe sich ein Buch über die Geschichte der Verhandlungen zwischen KAPLAN und den einzelnen Firmen schreiben. Der Vollständigkeit halber sei in dieser Biographie bloß einiges darüber angeführt, ohne aber über das schon im Druck andernorts Veröffentlichte hinauszugehen;[2] denn mehr zu sagen fühlt sich der Verfasser mit Rücksicht auf die private Natur der Sache nicht berechtigt.

Zuerst ist J. SINGRÜN, Leiter der Firma SINGRÜN-FRÈRES in Epinal, erschienen. Der Vertrag wurde bei HEILINGER entworfen, einige Tage später telegraphisch widerrufen. Dann kamen die schwedische Firma VERKSTADEN KRISTINEHAMN, vertreten durch Direktor HOLM, und die norwegische Firma JENSEN OG DAHL, schließlich auch die Firmen BRIEGLEB, HANSEN & CO. in Gotha, J. M. VOITH in St. Pölten-Heidenheim, ESCHER, WYSS & CIE. A. G. in Zürich und AMME, GIESECKE & KONEGEN A. G. in Braunschweig.

Verträge wurden geschlossen und wieder abgeändert; später kam man aber doch gütlich überein. Daß solche Vertragsangelegenheiten nicht immer glatt vor sich gehen und mit Reibungen verbunden sind, ist mit Rücksicht auf das Risiko, das beide Partner auf sich nehmen mußten, ohne weiteres verständlich. Ein Vorfall soll noch erwähnt werden, weil durch ihn das äußerst vorsichtige, zurückhaltende, ja mißtrauische Verhalten KAPLANS nachträglich als gerechtfertigt erscheint, und KAPLAN selbst über diesen Vorfall sich oft bitter beklagt hat.

KAPLAN berichtet in dem Aufsatz: „Die Entstehungsgeschichte der neuen amerikanischen Schnelläufer-Turbinen“[3] ausführlich über den Verlauf der Verhandlungen mit der Firma ALLIS CHALMERS in Milwaukee. Aus diesem Bericht geht klar hervor, daß der Vertreter dieser Firma, Ing. SCHMIDT, nachdem ihm die KAPLANschen Laufradformen und auch die Versuchsturbine gezeigt worden waren, sich günstig

[1] Vgl. Zeitschr. d. Österr. Ing.- u. Arch.-Ver. 1917, S. 490 u. 498.

[2] Vgl. KAPLAN-LECHNER: „Theorie und Bau von Turbinen-Schnelläufern“, Verlag Oldenbourg, 1931, S. 188.

[3] Vgl. Wasserkraft, 1921, S. 42.

über diese Erfindung äußerte und auch erklärte, daß ALLIS CHALMERS weder derartige Räder hergestellt hat, noch auch ohne Einwilligung KAPLANS solche herstellen lassen wird. Dann brach der Weltkrieg aus, der Briefwechsel mit Amerika kam ins Stocken. Wie groß muß daher KAPLANS Erstaunen gewesen sein, als er im Mechanical Engineering 1919 eine Veröffentlichung von FORREST NAGLER, Ingenieur bei ALLIS CHALMERS, über: „A New Type of Hydraulic Turbine Runner" vorfand, welcher die Merkmale der KAPLANschen Erfindung aufwies. Professor BUDAU[1] kann an einen „unfairen" Vorgang in Ingenieurkreisen nicht glauben und spricht die Vermutung aus, daß NAGLER „vielleicht schon vor 10 Jahren und länger Propellerturbinen gebaut habe". Professor OESTERLEN bespricht den Vorfall in der Zeitschrift des Vereines Deutscher Ingenieure, 1921, S. 409, im Artikel „Schnellaufende Wasserturbinen" ebenfalls. Es wird dort berichtet, daß NAGLER 1919 angibt, bereits im Jahre 1913 ein Axiallaufrad geschaffen zu haben, aber erst 1915 zu spezifischen Drehzahlen $n_s > 450$ gelangt sei. OESTERLEN kommt dann zu dem Schluß, „daß, selbst wenn in Nordamerika schon 1913 Wasserturbinenlaufräder mit rein axialem Durchfluß versucht worden sind, Professor KAPLAN doch sicher zum ersten Male die Laufradform nach Abb. 14 (der Zeitschr. d. Ver. dtsch. Ing., 1921), also mit nur vier Schaufeln und ohne Außenkranz angewandt hat und als deren Erfinder anzusehen ist". — Es kann nicht Aufgabe der vorliegenden Biographie sein, Untersuchungen über die Priorität der amerikanischen Erfindung anzustellen.

Der geschilderte Vorfall bleibt aber jedenfalls merkwürdig, zumal da NAGLER auf den Artikel KAPLANS in der „Wasserkraft" (1921, S. 42) nicht geantwortet hat. Wir erwähnen diesen Vorfall nur, um zu zeigen, wie berechtigt das vorsichtige Vorgehen KAPLANS war. Der geschilderte Umstand rechtfertigt auch das Zurückhalten jeder näheren wissenschaftlichen und konstruktiven Mitteilung von seiner Seite über die Bauart der neuen Turbine, welche Tatsache ihm oft aus dem wissenschaftlichen Lager zum Vorwurf gemacht worden ist. Die Folge dieser Vorsicht war, daß die Verhandlungen sich — sehr zu seinem Nachteil — in die Länge zogen. In seinem Buche „Theorie und Bau von Turbinenschnelläufern" berichtet KAPLAN schon sehr abgeklärt folgendes (S. 189): „Je mehr sich diese Vertreter von der Stichhältigkeit der Kaplanturbinentheorie überzeugen ließen, um so größeren Widerständen begegnete der Vertragsabschluß, denn dem berechtigten Wunsch, das Laufrad bzw. die Patentanmeldung zu sehen, begegnete ich mit dem nicht minder berechtigten Einwande, daß ich nicht gewillt sei, die technische Neugierde irgendeiner auf dem Gebiete des Schnelläuferbaues führenden Firma zu befriedigen und so ihre Bestrebungen in dem Bau schnellaufender Turbinen kostenlos zu fördern. — So ereignete es sich nicht selten, daß die Vertreter wieder unverrichteter Dinge abzogen, mit der Begründung, daß man die Katze doch nicht im Sack kaufen wolle."

KAPLAN beurteilt also im Jahre 1931 die Stellungnahme der Firmen ganz richtig, aber mit Rücksicht auf die seinerzeit gemachten Erfahrungen möge man auch seinem Vorgehen Verständnis entgegenbringen.

[1] „Die Entwicklung der Wasserturbinen in den letzten 15 Jahren", Die Wasserkraft, 1922, Heft 11.

Am 3. März 1917 berichtete KAPLAN zum ersten Male in einem Vortrag im Österr. Ingenieur- und Architekten-Verein[1] über Versuchsergebnisse seiner neuen Turbine, ohne aber irgendein wesentliches konstruktives Merkmal dieser Turbine anzuführen. Aufsehen erregte aber damals das Diagramm (Abb. 36, S. 490 der genannten Arbeit), wonach der Wirkungsgrad einer in Verkstaden ausgeführten Kaplanturbine 80% bei halber und voller Beaufschlagung bei den Bremsungen betragen habe. Dieses Ergebnis mußte Staunen, weil aber keine konstruktiven Angaben erfolgten, auch Kopfschütteln bei den Zuhörern hervorrufen. Trotz des Mangels an konstruktiven Mitteilungen ist diese Veröffentlichung sehr interessant; auch heute noch, wo das Wesen der Kaplanturbine bekannt und ihr Erfolg einwandfrei festgestellt ist; denn die Praxis hat alle in dieser Arbeit auf Grund seiner Versuche damals (1917) bekanntgegebenen Resultate, die zu jener Zeit als Utopien erschienen sein mögen, später vollinhaltlich bestätigt. In dem genannten Vortrag entwickelte KAPLAN auch die Gründe, welche ihn veranlaßt hatten, von den Versuchen, durch eine bloße Verbesserung des Francislaufrades höhere spezifische Drehzahlen und gleichzeitig hohe Wirkungsgrade zu erzielen, abzulassen (vgl. S. 474 der genannten Arbeit). Wir erfahren aus dieser Arbeit auch, daß KAPLAN eine ganz stattliche Zahl von Francislaufrädern für verschiedene Firmen des Auslandes entworfen hat, und mit offenem Freimut gesteht er neben bedeutenden Erfolgen auch Fehlschläge ein. So hat KAPLAN für die Firma BRIEGLEB, HANSEN & Co. in Gotha ein Laufrad entworfen, von welchem er eine spezifische Drehzahl $n_s = 260$ und einen Wirkungsgrad von 80% zu erhalten hoffte. Tatsächlich ergab aber der Versuch ein $n_s = 220$ und einen Wirkungsgrad η von nur 76%. Er bemerkt hierzu wörtlich (S. 475): „Damals war mir allerdings die Ursache dieses Mißerfolges noch nicht klar, um so mehr als das Rad den zu jener Zeit geläufigen theoretischen Anschauungen vollkommen entsprach. Heute (1917) fällt es mir nicht schwer, an dem Rade die erforderliche Kritik zu üben und sei vorweg bemerkt, daß die Schaufeln viel zu lang und sowohl die Schaufelfläche als auch die Schaufelwinkel von mir noch nach der üblichen Stromfadentheorie und ohne Rücksicht auf die Abhängigkeit der Wassergeschwindigkeiten von der Wandferne der Schaufelfläche ermittelt wurden.“

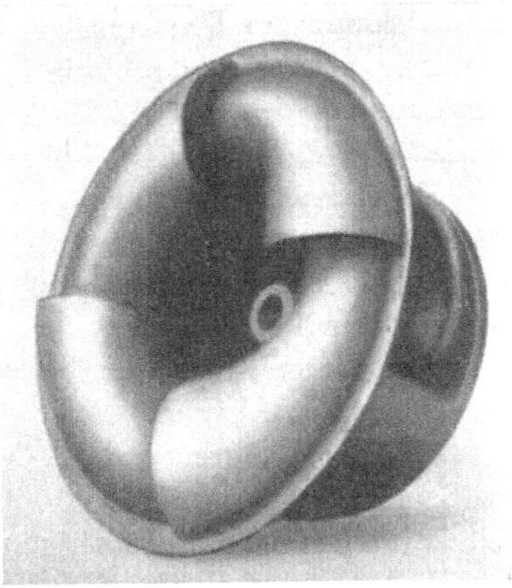

Abb. 12. „Extremer Schnelläufer“, entworfen nach Kaplans Turbinentheorie.

Die folgenden Zeilen dieser Arbeit sind wegen der Auffassung KAPLANS über die technisch-wissenschaftliche Forschung interessant und sie seien daher auch wörtlich angeführt. „Bei diesem Anlasse sei mir die kleine Einschaltung gestattet,

[1] „Entwicklung und Versuchsergebnisse einer Wasserturbine“ (Ztschr. d. Österr. Ing.- u. Arch.-Ver. 1917, S. 473 bis 497).

daß ich die Mitteilung von Fehlversuchen für den weiteren technischen Fortschritt nicht für weniger wichtig halte als die Veröffentlichungen von sogenannten Paradeversuchen.

Viele unnütze theoretische und praktische Erfindertätigkeit könnte in andere Bahnen gelenkt werden, wenn der Fachwelt nicht nur die gangbaren Wege, sondern auch die Irrwege bekanntgegeben würden und ich bin sicher, daß eine Sammlung von Fehlversuchen theoretischer und praktischer Richtung mehr Nutzen bringen würde, als manches in der Fachwelt mit Beifall aufgenommene Werk.“

Mit derselben Offenheit bekennt KAPLAN auch das Versagen des von ihm konstruierten Extremschnelläufers (Abb. 22 der genannten Arbeit) und doch gab dieses Rad den Anstoß zum Verlassen des bisherigen Weges und zur allmählichen Entwicklung des KAPLANschen Laufrades.[1] Daher hat dieses Rad historische Bedeutung erlangt, weshalb sein Bild auch hier angeführt sei. (Abb. 12.) In der schon erwähnten Arbeit in der Zeitschrift für das gesamte Turbinenwesen vom Jahre 1912 findet sich dieses Rad in Abb. 27 vor.

Damals waren die Versuche mit diesem Rad noch nicht abgeschlossen und doch berichtet KAPLAN zu jener Zeit schon folgendes: „Soviel jedoch die bisherigen Ergebnisse erkennen lassen, scheint bei solchen hohen Drehzahlen die Flüssigkeitsreibung am Laufradboden einen derartig starken Verlust zu bedingen, daß trotz des geordneten Wasserdurchflusses durch das Laufrad eine wesentliche Wirkungsgradeinbuße zu erwarten ist.“

Weiters erfahren wir aus dem Vortrag KAPLANS, daß die neue Turbine bereits zu Beginn des Jahres 1912 erfunden war und im November 1912 bei der Abbremsung im Brünner Laboratorium eine spezifische Drehzahl von 800 aufgewiesen hatte. Auch die wirtschaftlichen Vorteile der neuen Turbine sind hier bereits angeführt, und einen großen Raum nehmen die Ausführungen über die Patentstreitigkeiten ein. „Nicht weniger als zwei Jahre dauerte dieser aufregende und für mich leider auch sehr kostspielige Kampf, bis endlich am Ende des vorigen Jahres auch die Beschwerde des Syndikats kostenpflichtig abgewiesen und mir das Patent endgültig erteilt wurde.“ — So berichtet KAPLAN im Jahre 1917. Aber die schwersten und langwierigsten Prozesse sollten erst kommen. Die verschiedenen Einsprüche erforderten:

1. die Erledigung theoretischer Fragen,
2. die Widerlegung der angeblich neuheitsschädlichen amerikanischen Bauweisen,
3. die Stellungnahme zu den geltend gemachten Vorbenutzungsrechten und
4. auch die Widerlegung der heute recht sonderbar klingenden Behauptung, daß sich mit der Erfindung der angegebene technische Fortschritt nicht erzielen ließe. (Vgl. S. 490 des genannten Vortrages vom Jahre 1917.)

Mit diesem Vortrag und mit den folgenden Veröffentlichungen, die in kurzen Zeitabständen erfolgten und durchgehends die wirtschaftlichen Vorteile seiner Turbine und die Mitteilung von Versuchsergebnissen zum Gegenstande hatten,

[1] Dies geht aus einer privaten Aufzeichnung KAPLANS hervor; dort heißt es: Abb. 22 (der genannten Arbeit) gibt den eigentlichen Anstoß zu der neuen Turbine, zur Kaplanturbine. (Archiv in Unterach.)

ohne konstruktive Gedanken auch nur zu erwähnen, wollte KAPLAN das öffentliche Interesse für seine Erfindung erwecken. Die Titel dieser Arbeiten sind:

„Eine neue Wasserturbine.“ Zeitschr. f. d. ges. Wasserwirtschaft, Wassertechnik u. f. Wasserrecht, 1917, S. 169.

Hier erfahren wir, das KAPLAN außer einem neuen Laufrad auch einen neuen Saugrohrkrümmer erfunden hat.

Abb. 13. Viktor Kaplan im Jahre 1919.

„Eine neue Wasserturbine und ihre Beziehung zur Wasserwirtschaft.“ Zeitschr. „Die Wasserwirtschaft“, 1917.

„Wie läßt sich die Leistung bestehender Wasserkraftanlagen ohne erhebliche Betriebsstörungen erhöhen?“ Zeitschr. „Die Wasserwirtschaft“, 1917, Nr. 21.

Die Vorteile der neuen Turbine werden in folgenden Punkten zusammengefaßt:

1. Steigerung der Drehzahl auf das Dreifache der von Francisschnelläufern erreichten Drehzahlen.
2. Vergrößerung der Leistung der Turbineneinheiten.
3. Verkleinerung der Krafthausbauten.

4. Verhütung von Verstopfungen der Laufradkanäle durch Sand, Schlamm usw.

In der Zeitschrift des Elektrotechnischen Vereins in Wien, E. u. M., Heft 33, 1917, gibt KAPLAN in dem Aufsatz: „Eine neue Wasserturbine und deren Beziehungen zur Elektrotechnik" auch eine schematische Darstellung seiner neuen Turbine. Der Grundriß aber fehlt. Immerhin ist aber schon aus dieser schematischen Skizze der wesentliche Unterschied gegenüber der Francisturbine ohne weiteres erkennbar. Man bemerkt bereits den „schaufellosen Raum" und die axiale Beaufschlagung des Laufrades. Die früher erwähnten Berichte Professor KAPLANS enthielten auch

Abb. 14. Kaplanturbine in Velm, N.-Ö.

Klagen gegen mehrere Firmen, welche zu Gegenäußerungen führten, auf welche KAPLAN im Heft 6, 1918 der „Wasserwirtschaft" in dem Artikel „Die Kaplanturbine und ihre Beziehungen zur Wasserwirtschaft" entgegnete.

Sein ganzes Streben mußte jetzt darauf gerichtet sein, endlich ein Unternehmen zu finden, welches eine Kaplanturbine für seinen Betrieb verlangt, und eine Firma zu gewinnen, welche den Bau dieser Turbine übernimmt. Beides gelang KAPLAN im Jahre 1918 zu erreichen. Die Börtel- und Strickgarnfabrik M. HOFBAUERS WWE. in Velm bei Gramatneusiedl in N.-Ö. war die erste Bestellerin einer Kaplanturbine und die Stahlhütte IGNAZ STOREK in Brünn war die erste Firma, welche die Ausführung der Bestellung übernahm, und ihr gebührt also das Verdienst, die erste Kaplanturbine erzeugt zu haben (Abb. 14). Aus dieser Stahlhütte hat die Kaplanturbine ihren Siegeszug in die Welt angetreten.

Über die in der Zeit vom 14. bis 18. Juni 1919 vorgenommenen Bremsversuche ist ein Protokoll, gezeichnet von Ing. ADOLF WERTNER und Dr. KARL REISINGER als

Vertreter der Bestellerin, Ing. ANTON STRASSER als unparteiischer Bremsleiter, Ing. ROBERT STEINER der Firma STOREK und Professor Dr. KAPLAN erhalten geblieben. Daraus ist zu entnehmen, daß die Turbine bei voller Beaufschlagung eine Leistung von 25,8 PS bei einer Gefällshöhe von 2,33 m und einer Wassermenge von $Q = 1000$ Liter pro Sekunde und einer minutlichen Drehzahl $n = 420$ hatte. Der Wirkungsgrad betrug 84% und änderte sich auch nicht bei halber Beaufschlagung. Am 22. Juni 1919 fand die offizielle Bremsung der Turbine in Velm durch Professor BUDAU und Ziv.-Ing. BLÜMEL mit dem gleichen Ergebnis statt.[1]

Durch die Velmer Turbine war die Idee KAPLANS zur Wirklichkeit geworden; was als Utopie bezeichnet worden war, nämlich, daß es eine Turbine geben solle, die mit hoher spezifischer Drehzahl von 800 einen Wirkungsgrad von 84% besitzt und deren Wirkungsgrad überdies bei halber und ganzer Beaufschlagung nahezu konstant bleibt, das alles war hier in Velm zur unumstößlichen Tatsache geworden. Daß dieser Umstand, sowie die Veröffentlichung der Bremsergebnisse der Velmer Turbine durch Professor BUDAU in der „Wasserwirtschaft" 1919, Heft 14, ferner von BERTHOLD BLÜMEL in der Zeitschr. d. Österr. Ing.- u. Arch.-Ver. 1919, S. 428, desgleichen in Elektrotechnik und Maschinenbau 1920, S. 61, und die Veröffentlichungen von Professor KAPLAN in der Zeitschr. f. d. ges. Turbinenwesen 1919, S. 346, und in der „Wasserwirtschaft" 1919, Nr. 19, die Aufmerksamkeit der technischen Kreise auf die Kaplanturbine lenkten, ist wohl selbstverständlich. Über dieses Interesse der Fachwelt findet sich auch eine kurze Mitteilung in der Zeitschr. d. Österr. Ing.- u. Arch.-Ver., Jahrg. 1921, S. 103, vor, woselbst es wörtlich heißt: „Die Zeitschrift The Electrical Review, London 1920, S. 466, erblickt in der neuen Bauart die Möglichkeit der wirtschaftlichen Ausnutzung vieler niedriger und mittlerer Gefälle, die bisher unausgenutzt geblieben sind, mit Rücksicht auf die starken Schwankungen in der Wassermenge. Es wäre interessant, eine deutliche Aufstellung der bereits im Gebrauch befindlichen Kaplanturbinen zu sehen und zu erfahren, bis zu welcher Anzahl von Pferdestärken diese Maschinen gebaut werden können."

Alles stand somit im Jahre 1919 für die Kaplanturbine günstig. Im Jahre 1920 trat aber bei verschiedenen derartigen Turbinenanlagen eine anfangs unerklärliche Erscheinung auf, welche die breite Öffentlichkeit erst im Jahre 1922 erfuhr, als bereits ihre Ursache erforscht war und behoben werden konnte, die aber bei ihrem ersten Auftreten den Ausbau der Kaplanturbine zu hemmen, wenn nicht gar zu vernichten drohte.

Ein Laufrad, das im Laboratorium am Prüfstande die erwarteten Wirkungsgrade ergeben hatte, versagte im Betriebe vollends. Statt der erwarteten 80% ergab sich ein Wirkungsgrad von nur 62% und noch darunter. Dabei zeigte sich die Strömung mit großen Luftausscheidungen verbunden, die mit explosionsartigem Geknatter vor sich gingen. Es ist dies die beim Schiffspropeller wohlbekannte, im Turbinenbau bisher unbekannt gewesene Erscheinung der Kavitation (Hohlraumbildung). Wird die Geschwindigkeit des strömenden Wassers zu groß, der Druck demzufolge zu klein, so treten Strahlablösungen an der konvexen Seite der Schaufel-

[1] A. BUDAU: Mitteilungen über die Kaplanturbine. Die Wasserwirtschaft 1919.

flächen ein, es scheidet sich die im Wasser absorbierte Luft aus und es tritt, sobald der Druck unter die zur betreffenden Wassertemperatur gehörende Dampfspannung des Wassers sinkt, Verdampfen der Flüssigkeit ein. Eine andere damit verbundene störende Begleiterscheinung ist die schädliche Korrosion der Schaufelflächen, die dadurch in ihrem Gefüge zerstört werden.

KAPLAN war über diese störenden Erscheinungen bestürzt und verzweifelt. So nahe am Ziel und nun auf einmal der Mißerfolg. Als er die Ursache der störenden

Abb. 15. Landhaus in Rochuspoint.

Erscheinung erkannt hatte, verfiel er am 5. Februar 1922 auf seinem Landsitz Rochuspoint in Unterach am Attersee in schwere Krankheit.

Es ist hier wohl angezeigt, auch einiges über Rochuspoint,[1] den Lieblingsaufenthalt Professor KAPLANS, zu sagen. Es war stets sein Streben gewesen, ein eigenes Heim zu besitzen. „Die Städter sind eigentlich alle Fremdlinge," pflegte KAPLAN öfters zu sagen, „nur der Bauer ist wirklich heimisch." KAPLAN, als der echte Sohn der steirischen Berge, der er zeitlebens geblieben war, hatte den Sinn für die heimatliche Scholle nie verloren. Seinen Kindern wollte er ein wirkliches Heim, ein Vaterhaus im eigentlichen Sinne schenken. Der Städter, der in Miethäusern wohnt, kennt nicht den Begriff des eigenen Heims. Und als KAPLAN im Jahre 1920 seinen Vater mit dem Ankauf eines Landhauses betraut hatte und dessen

[1] Die Peunt oder Point ist nach Schmellers Bayerischem Wörterbuch ein offenes oder eingefriedetes Grundstück, das, ohne ein Garten zu sein, dem Gemeinverkehr verschlossen ist.

Wahl auf Rochuspoint fiel, war KAPLANS Lieblingswunsch in Erfüllung gegangen. „Ein Wasserl zur Betreibung einer Turbine soll auch dabei sein und ebenfalls eine Glasveranda" waren seine Bedingungen gewesen, die auch erfüllt werden konnten.

KAPLAN hatte mit seiner Familie, wie so viele Städter, während des Krieges unter Nahrungssorgen zu leiden gehabt. Durch diesen Landsitz, wo auch ein paar Kühe vorhanden waren, fühlte er und die Seinen den Segen der Erde.

Während des Winters 1920 weilte sein Vater auf Rochuspoint und verwaltete im Sinne des Sohnes dessen Anwesen. VIKTOR hatte es stets zur Freude gereicht, seinem Vater einen schönen Lebensabend bereiten zu können. Groß war sein

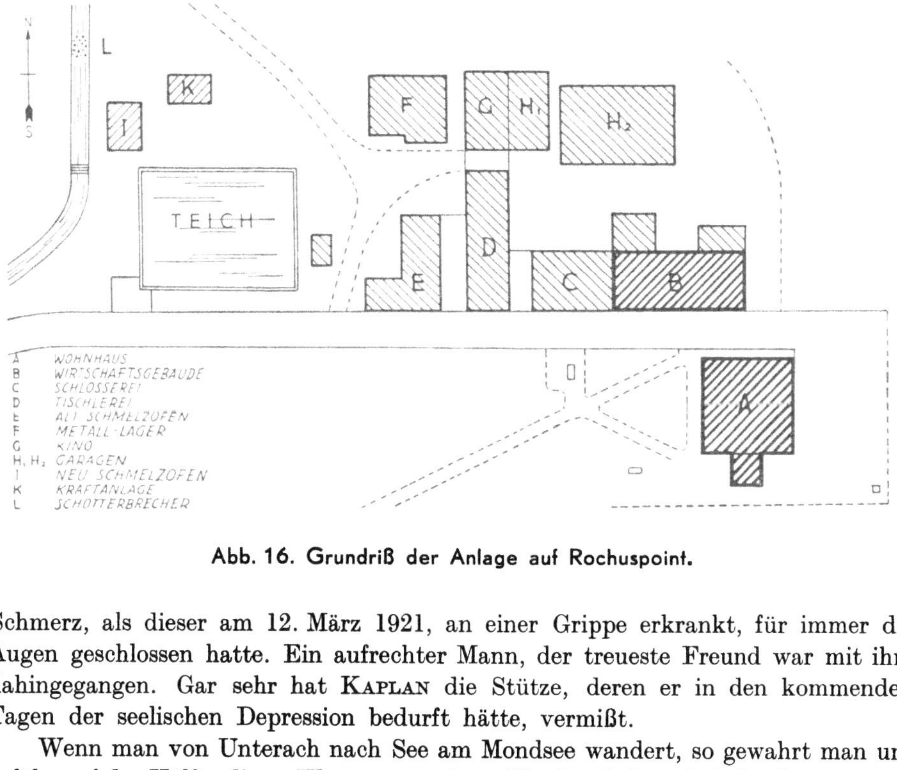

Abb. 16. Grundriß der Anlage auf Rochuspoint.

Schmerz, als dieser am 12. März 1921, an einer Grippe erkrankt, für immer die Augen geschlossen hatte. Ein aufrechter Mann, der treueste Freund war mit ihm dahingegangen. Gar sehr hat KAPLAN die Stütze, deren er in den kommenden Tagen der seelischen Depression bedurft hätte, vermißt.

Wenn man von Unterach nach See am Mondsee wandert, so gewahrt man ungefähr auf der Hälfte dieses Weges zur rechten Hand auf einer Anhöhe den sonnigen Wohnsitz Rochuspoint. Auf diesen hatte sich KAPLAN im August 1921, nachdem er noch im Juli die Kontrollbremsungen unter der Leitung Professor Dr. HEINRICH MEIXNERS[1] für den Konzern in Brünn hatte vornehmen lassen, zurückgezogen. Ein halbes Jahr Urlaub war ihm bewilligt worden.

Im Herbst 1921 ging er daran, eine kleine Wasserkraftanlage zu errichten, die ihm Licht und Arbeitsstrom liefern sollte. Die vorhandene Gefällshöhe beträgt ungefähr 40 m, ein Peltonrad der Firma OSER, das später durch eines der Firma

[1] Vgl. Mitteilungen über die Bremsungen des Kaplan-Turbinen-Konzerns in Brünn. Die Wasserkraft, 1922. S. 73.

Voith in St. Pölten ersetzt werden konnte, bildete die Kraftquelle. Schon im Sommer des Jahres 1921 zeigte sich bei Kaplan eine gewisse Unrast und Nervosität. Kein Wunder bei den Sorgen und der nervenaufreibenden Tätigkeit. Die Stimmung auf Rochuspoint war daher in jener Zeit manchmal recht gespannt. Geistige Überanstrengung, die verschiedenen die Nerven äußerst anstrengenden Patentprozesse, hatten seine Gesundheit sehr geschwächt. Bezüglich dieser Patentprozesse sei noch erwähnt, daß Kaplan seine Patente nicht nur gegen Einsprüche von Firmen, sondern auch gegen Angriffe von Fachkollegen zu verteidigen hatte. Auf diese Prozesse soll hier nicht weiter eingegangen werden; es gilt hierfür die Äußerung von E. Mach, des bedeutenden Physikers, der einmal folgendes ausführt,[1] was auch trefflich zur Schilderung der obgenannten Prozesse paßt. „Ein mehrfaches Auftreten derselben Idee ist in der Geschichte nicht neu. Die Diskussion von Personalfragen, die nach 30 Jahren schon kein Interesse mehr haben werden, wollen wir hier vermeiden. Auf keinen Fall ist es aber zu loben, wenn Männer angeblich aus Gerechtigkeitsgründen insultiert werden (wie es tatsächlich leider geschehen ist), die schon hochgeehrt und ruhig leben würden, wenn sie nur ein Drittel ihrer wirklichen Leistungen aufzuweisen hätten."

Mit der Feststellung, daß diese Äußerungen vollinhaltlich im Falle Kaplans zutreffen, sei ein näheres Eingehen auf diese Prozesse, aus denen Kaplan als Sieger hervorgegangen ist, vermieden. — Aber an ein Ausspannen in der Zeit seines Urlaubes war nicht zu denken. Meinungsverschiedenheiten mit Firmen ließen ihn auch jetzt nicht zur Ruhe kommen. Hier auf Rochuspoint ist Kaplan — wie schon erwähnt — am 5. Februar 1922 schwer erkrankt. Die Ärzte waren sich über die Krankheit nie einig. Einige behaupteten, es sei eine Kopfgrippe gewesen, andere sprachen von einem Nervenzusammenbruch, nur einer gab seiner Meinung von einem Schlaganfall Ausdruck. In dieser Zeit war es seine Frau, welche ihn mit voller Hingabe pflegte und Tag und Nacht nicht von seinem Krankenlager wich. Jene, welche Kaplan unmittelbar nach seiner Krankheit besucht hatten, werden sich seines traurigen Zustandes wohl noch erinnern. Wo waren auf einmal all die Lebendigkeit, das Feuer seiner Augen hingekommen? Und aus verwundeter Seele erklang Anklage über Anklage gegen seine Widersacher. Was Kaplan früher für sich behalten, das entrang sich jetzt seinem kranken Gemüte. All die Unbill, Neid und Mißgunst, die jedem Schaffenden widerfahren und auch ihm nicht erspart geblieben sind, enthüllte er jetzt, wo er nicht mehr kämpfen konnte, in erschütternder Klage! —

Und während hier in Unterach ein Kämpfer in lähmender Krankheit lag, hielt Professor Budau am 7. Februar 1922 im Österr. Ingenieur- und Architekten-Verein in Wien einen ausgezeichneten Vortrag über „Die Entwicklung der Wasserturbinen in den letzten 15 Jahren",[2] wobei er den Verdiensten Kaplans volle Gerechtigkeit

[1] Vgl. E. Mach: Die Mechanik in ihrer Entwicklung, 7. Aufl., 1912, S. 477.

[2] Vgl. Die Wasserkraft, Zeitschr. f. d. ges. Wasserwirtschaft, 1922, Heft 11. — Auch Professor Oesterlen wird in der Arbeit „Schnellaufende Wasserturbinen" den Erfindungen Kaplans vollkommen gerecht und stellt sich auch bezüglich des Streites Kaplan—Nagler ganz entschieden auf Seite Kaplans. Vgl. auch Arbeit Nr. 44 des Anhanges I.

widerfahren ließ. Trefflich schildert BUDAU den Entwicklungsgedanken der Kaplanturbine. Was aus diesem Vortrag durch den Druck bereits dauernd festgelegt ist, möge der Leser in der genannten Zeitschrift selbst nachlesen, was in dem Vortrage zwar gesagt wurde aber nicht gedruckt vorliegt, sei hier angeführt. BUDAU bekannte nämlich ganz offen, daß er selbst an jene Turbine, über welche KAPLAN im Jahre 1917 berichtet hatte,[1] nicht glauben konnte und die daselbst gemachte Mitteilung, daß jene Turbine bei voller und ganzer Beaufschlagung nahezu den gleichen Wirkungsgrad haben solle, wenn auch nicht für einen Bluff — wie manche sich auszudrücken beliebten —, so doch für einen Irrtum gehalten habe. Als er dann aber selbst Gelegenheit hatte, in Velm eine Kaplanturbine abzubremsen, wobei er alle Sorgfalt habe walten lassen, als er daselbst von KAPLAN die Aufklärung erhalten habe, daß die Turbine verstellbare Laufradschaufeln besitze, da erklärte BUDAU selbst, er sei aus einem Saulus ein Paulus geworden.

Eine kleine Episode sei hier nachgetragen. KAPLAN hatte in Velm am 22. Juni 1919 vor der Bremsung das Wesen seiner Turbine erläutert und dabei bemerkt, daß er getrachtet habe, die Laufradschaufeln verdrehbar anzuordnen. Er wurde hier von BUDAU mit der Bemerkung unterbrochen, daß dies doch nur ein Zukunftsplan sein könne. Nach der Bremsung hat KAPLAN dann die Mitteilung gemacht, daß tatsächlich die Laufradschaufeln drehbar ausgeführt seien. BUDAU ist daraufhin mit dem spontanen Ausspruch von seinem Sitz aufgesprungen: „Wahrlich, der Mann hat Courage!“

Dieser tatsächliche Vorfall in Velm beleuchtet wohl am besten die technische Seite des Patentstreites, der über die verdrehbaren Laufradschaufeln auf Grund einer Stelle im Buche von FINK[2] entbrannt ist.

Auch die Bremsungen an der Versuchsturbine System STOREK-KAPLAN in Poděbrad in der Zeit vom 9. bis 29. November 1921 hatten nach dem Bericht von Professor JAROSLAV HÝBL günstige Ergebnisse gezeitigt. Die Nachricht vom Vortrag Professor BUDAUS wirkte auf KAPLANS Befinden wohltuend, dagegen die Hiobsbotschaften über die Mißerfolge einer in Görz eingebauten Turbine, sowie das Zögern des Konzerns, mit dem Bau der Turbinen zu beginnen, und die Einsetzung eines Schiedsgerichtes ungünstig ein.

Das Versagen der Görzer Turbine und manche andere Mißerfolge sprachen sich herum. Schon wurden wieder Stimmen laut, die meinten, diese Sache wäre doch nur ein Bluff. Ja, ein Turbinenfachmann verstieg sich sogar, als man von seiten KAPLANS auf die Absicht der Firma VERKSTADEN in Kristinehamn hinwies, eine Turbine mit 5,8 m Laufraddurchmesser zu bauen, zu der Äußerung: „Auf den Schaufelsalat bin ich begierig.“

Damals verlor KAPLAN beinahe selbst den Glauben an die Möglichkeit des durchschlagenden Erfolges seiner Turbine. In dieser Zeit, wo viele von ihm abgefallen waren, ja auch selbst BUDAU wieder Zweifel zu hegen begann,[3] waren es

[1] Vgl. S. 23 dieser Biographie.

[2] C. Fink: Theorie und Konstruktion der Brunnenanlagen, Kolben- und Zentrifugalpumpen, der Turbinen, Ventilatoren und Exhaustoren. Berlin 1878. S. 225.

[3] Vortrag in der Wiener Urania am 19. Mai 1922, „Die Wasserkraft im Dienste der Menschheit“.

seine Frau, seine Schwäger Franz und Anton Strasser, sein Assistent Ingenieur J. Slavik, sowie sein Rechtsanwalt Dr. Ludwig Gallia, ferner Ingenieur Reindl in München und ein „grauer Theoretiker“ in Wien, die ihm in Wort und Tat zur Seite gestanden sind; Kaplan hat dies auch immer dankbarst anerkannt.[1]

Seine Frau war ihm immer eine treue Gefährtin und ist auch in der Zeit der Depression nicht von seiner Seite gewichen; ihr ist es vor allem zu danken, wenn Kaplan allmählich körperlich und seelisch wiederhergestellt worden ist; die beiden Schwäger verfochten sehr eifrig die Angelegenheit Kaplans. Namentlich Franz

Abb. 17. Krafthaus in Siebenbrunn, O.-Ö.

Strasser rührte ganz tüchtig die Feder, als es galt, die Ehre Kaplans zu verteidigen.[2] Ing. Slavik focht manchen Patentprozeß siegreich aus, Dr. Gallia verstand es meisterlich, die rechtlichen Interessen Kaplans zu wahren, Ing. Walther[3] verwaltete mit Ing. Slavik getreulich das Laboratorium und Ing. C. Reindl[4] trat als unparteiischer Ingenieur — sehr zum Mißvergnügen mancher Gegner Kaplans — ganz entschieden für die Kaplanturbine ein, hatte doch Reindl schon als Assistent von Professor Camerer im Jahre 1917 mit diesem die Bedeutung der Kaplanturbine richtig erkannt.

[1] Vgl. Wasserkraftjahrbuch 1925/26, S. 305, und sein Buch „Theorie und Bau von Turbinenschnelläufern“, S. 186.

[2] Vgl. Linzer Tages-Post, 11. Mai 1922.

[3] Vgl. Wasserkraftjahrbuch 1924, S. 428.

[4] Vgl. C. Reindl: Die Kaplanturbine in Ausführung und Verwendung. Zeitschr. d. Vereins Deutscher Ingenieure, 1921, S. 1035ff. — Die neuesten Fortschritte im Turbinenbau, in „Die Wasserkraft“ 1924, Heft 14.

Aber alle Arrbeit wäre vergebens gewesen, wenn nicht die Brüder STORER in Brünn, Dr. WALTER VOITH in St. Pölten und die Firma Verkstaden Kristinehamn, dort namentlich die Herren MOLINDER und ELOV ENGLESSON, ihre schützende Hand über KAPLAN gehalten hätten. Verhehlen wir uns nicht die Tatsache: wenn es möglich gewesen wäre, die Kaplanturbine umzubringen, so wäre dieser Zeitpunkt, wo KAPLAN so schwer erkrankt war, wo kostspielige Mißerfolge eingetreten waren, hierzu wohl am geeignetsten gewesen. Daß man sich bemühte, die sogenannten „Kinderkrankheiten" der Kaplanturbine zu beheben, ist ein unvergängliches Verdienst der genannten Persönlichkeiten, daß es gelang, dieselben zu beseitigen, ein Verdienst der tüchtigen Ingenieure dieser Betriebe. Ing. ELOV ENGLESSON verdient noch aus einem anderen Grunde eine besondere Erwähnung. Ein Patent KAPLANS bezieht sich auf die Verdrehbarkeit der Laufradschaufeln. Eine hervorragende Lösung dieser Laufschaufelregulierung, ohne welche der Bau großer Kaplanturbinen damals kaum möglich gewesen wäre, stammt nun von ELOV ENGLESSON.[1] Es kann daher mit Genugtuung begrüßt werden, daß ELOV ENGLESSON von der schwedischen Akademie der Ingenieurwissenschaften wegen seiner Verdienste um die Entwicklung der Kaplanturbine, welche für Schweden ganz besondere Bedeutung besitzt, die goldene Medaille verliehen wurde.

Abb. 18. Kaplan-Laufrad mit verdrehbaren Schaufeln (Siebenbrunn).

Die Firma STOREK untersuchte in einem eigenen Kavitationslaboratorium die Ursachen der störenden Kavitation, ebenso die Konzernfirmen und auch Verkstaden. KAPLAN selbst arbeitete, sobald es sein Gesundheitszustand zuließ, an der Aufklärung und Bekämpfung der schädlichen Kavitationserscheinung.[2]

Aus dem im Jahre 1924, S. 273 der Zeitschrift des Österr. Ingenieur- und Architekten-Vereins erschienenen Artikel von G. GUSTENAU: „Das neue Wasserkraftwerk Siebenbrunn" entnimmt man, daß bereits im August 1923 zwei Kaplanturbinen der Firma J. M. VOITH, St. Pölten-Heidenheim, in Siebenbrunn am Traunfall bei Gmunden aufgestellt worden sind (Abb. 17, 18). Es sind dies die ersten 1000-PS-Kaplanturbinen der genannten Firma. Bei 6 m Fallhöhe, einer sekundlichen Wassermenge von 16,5 m^3, einer Drehzahl von 250 in der Minute lieferte eine Turbine 1000 Pferdekräfte. Eine Francisturbine hätte bei denselben

[1] Vgl. HERBERT STOREK: Zehn Jahre Kaplanturbine. Elektr. Arbeit, 1929, S. 94.

[2] KAPLAN: Kavitationserscheinungen bei Turbinen mit großer Umlaufsgeschwindigkeit. Wasserkraftjahrbuch 1924, S. 421.

Verhältnissen nur 100 Umdrehungen in der Minute erreicht. Damit hatte auch die Konzernfirma VOITH den Bau von Kaplanturbinen aufgenommen. Jetzt sollte der Siegeszug der Kaplanturbine bald einsetzen.

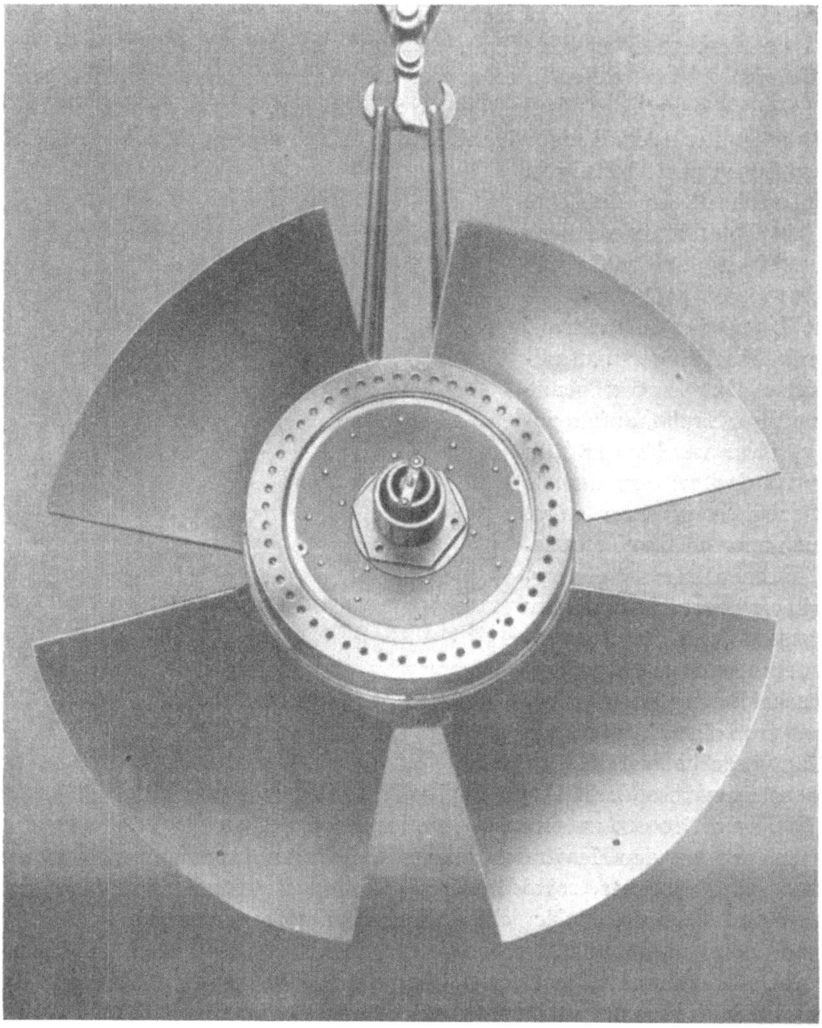

Abb. 19. Laufrad der Kaplanturbine in Lilla Edet, Schweden. – Draufsicht.

Und dieser Siegeszug begann mit der Eröffnung des Großkraftwerkes Lilla Edet in Schweden im Jahre 1925 (Abb. 19, 20). Die dortige Turbine hat einen Laufraddurchmesser von 5,8 m und liefert bei einer Wassermenge $Q = 160\ m^3/sec$, einer Gefällshöhe von 6,5 m, einer Umdrehungszahl von 62,5 je Minute eine Leistung von 11200 PS. Mit dieser Turbine „the biggest turbine in the world", wie sie damals genannt wurde,[1] hat die Kaplanturbine die Probe auf ihre Verwertung als Großkraftturbine bestanden. Die Propheten, welche seinerzeit einen „Schaufelsalat" vorausgesagt hatten, haben sich als schlechte Propheten erwiesen.

Abb. 20. Laufrad der Kaplanturbine in Lilla Edet, Schweden. — Seitenansicht.

Gegenwärtig sind noch größere Anlagen in Betrieb. Aus der Fülle dieser Meisterwerke der Turbinentechnik, deren wichtigste im 3. Teil des Anhanges angegeben sind, seien die Kraftwerke in Ryburg-Schwörstadt am Rhein, (Abb.

[1] Vgl. ENGLESSON: Kaplanturbinen oder Propellerturbinen. Wasserkraftjahrbuch 1924, S. 448.

25, 26 u. 43) wo vier Kaplanturbinen mit je 39500 PS (demgegenüber in Augst-Wyhlen 20 Francisturbinen mit je 4 Laufrädern, also 80 Laufräder vorhanden sind), das Großkraftwerk am Swir in Rußland, wo drei Kaplanturbinen von je 37500 PS und einem Laufraddurchmesser von 7420 mm eingebaut sind, das Kraftwerk Vargön in Schweden (Abb. 21) mit dem größten Laufraddurchmesser von 8000 mm und das Shannonkraftwerk in Irland mit der Gefällshöhe von 32,5 m und einer Konstruk-

Abb. 21. Laufrad der Kaplanturbine in Vargön, Schweden. – Durchmesser 8 Meter.

tionsleistung von 41000 PS hervorgehoben (Abb. 44).[1] Diese Zahlen drücken die wirtschaftliche Bedeutung der Kaplanturbine wohl am besten aus.

Und nun seien die Ergebnisse der Kaplanschen Untersuchungen zusammengefaßt und eine kurze Beschreibung seiner Erfindung gegeben.

V.

Die Leistungen Kaplans.

Das neue Laufrad. Feste und verdrehbare Schaufeln. Neue Saugrohrformen. Die Kaplanturbine. Wissenschaftliche Überlegungen. Seine Patente. Die wirtschaftliche und wissenschaftliche Bedeutung der Kaplanturbine.

Um die Schnelläufigkeit und auch den Wirkungsgrad einer Francisturbine zu erhöhen, hatte Kaplan mit Hilfe mechanisch-geometrischer Methoden versucht,

[1] Die Anlage Shannon enthält im ersten Ausbau zwei Francisturbinen mit einer Maximalleistung von je 38600 PS und einer minutlichen Drehzahl $n = 150$, demgegen-

Abb. 22. Laufrad einer Kaplanturbine (links) und einer Francisturbine (rechts).

die Form der Laufradschaufeln zu verbessern (vgl. S. 9 ff.), mußte aber bald erkennen, daß es wegen der auftretenden Reibungswiderstände nicht möglich war, die Schnellläufigkeit des Francislaufrades weiter zu steigern, ohne den Wirkungsgrad herabzusetzen (vgl. S. 23). Er fand durch den Versuch, daß die spezifische Drehzahl nicht über $n_s = 450$ zu steigern war. In Erkenntnis des Einflusses der Reibung ließ KAPLAN die äußere Laufradbegrenzung fort und fand, daß Schnelläufigkeit und Wirkungsgrad zunahmen.

In konsequenter Folge verringerte er die Zahl der Schaufeln, wählte wenige, kurze und flachgekrümmte, flügelartige Schaufeln (vgl. S. 17) und gelangte allmählich zu den neuen Kaplanlaufrädern, die mit den Francislaufrädern keine Ähnlichkeit mehr aufweisen (Abb. 22; vgl. S. 33). Gleichzeitig mit den Versuchen gingen auch theoretische Erwägungen parallel. Die übliche Stromfadentheorie, welche für einen Zellenraum, wo die hindurchströmende Flüssigkeitsmasse gleich-

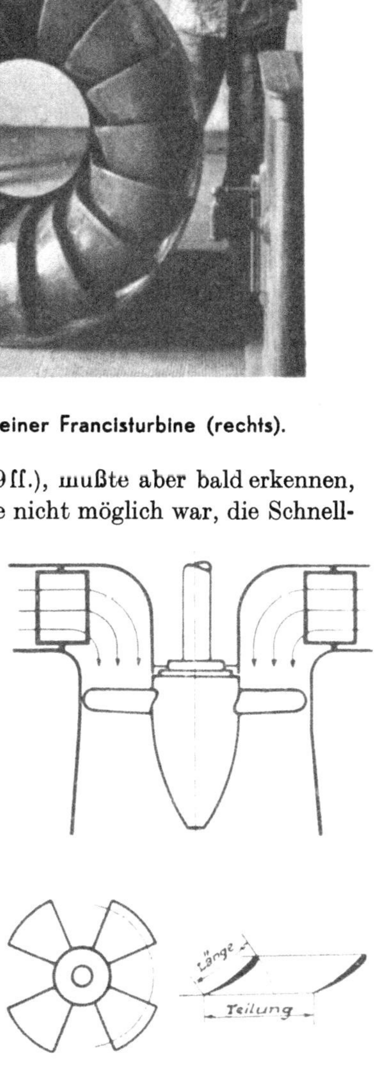

Abb 23. Schema einer Kaplanturbine.

über der zweite Ausbau eine Kaplanturbine mit einer maximalen Leistung von 41000 PS und einer minutlichen Drehzahl $n = 167$ besitzt.

sam als eine Stromröhre betrachtet werden kann, gute Dienste geleistet hatte, mußte natürlich bei Schaufelanordnungen, wie sie KAPLAN nach Abb. 22 getroffen hatte, verlassen werden (vgl. S. 17). Er entwickelte die Gesetze der freien Strömung, zog den Einfluß der Reibung in Rechnung, dabei klar erkennend, daß die bewegende Kraft der Schaufel aus dem Druckunterschied zwischen der konkaven und konvexen Seite der Schaufel hervorgeht. Abb. 23 zeigt die schematische Skizze einer Kaplanturbine. Das in den Leitapparat radial eintretende Wasser fließt durch den

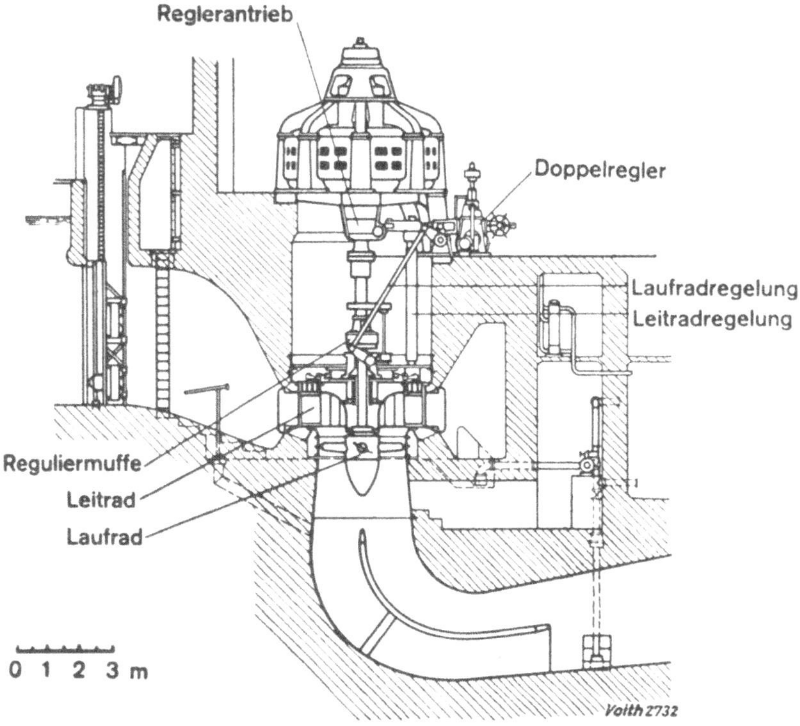

Abb. 24. Einbau einer Kaplanturbine.

sogenannten „schaufellosen Raum“ axial den wenigen, etwa vier, kurzen und flachgekrümmten Schaufeln zu, deren Eintritts- und Austrittswinkel von Gefällshöhe, Wassermenge, spezifischer Drehzahl und Wirkungsgrad abhängen. Wenn demnach ein Rad mit festen Schaufeln für einen vorgegebenen Fall, also auch für eine bestimmte sekundliche Wassermenge, entworfen war, so mußte der Wirkungsgrad, wenn die sekundliche Wassermenge kleiner wurde, sich ebenfalls ändern. Unter diesem Übelstand leiden auch die Francisturbinen, wenn in niederschlagsarmen Zeiten der Wasserstand sich vermindert.

KAPLAN half nun diesem Übelstand dadurch ab, daß er die Schaufeln um in der Nabe gelagerte Zapfen drehbar anordnete (Abb. 25 u. 26). Durch eine Verdrehung der Laufschaufeln kann das Laufrad dem neuen Zustand, der durch eine Änderung der Wassermenge bedingt ist, angepaßt werden, wodurch es möglich wird, in einem sehr weiten Beaufschlagungsbereich den günstigen Wirkungsgrad bei hoher spezifischer Drehzahl nahezu konstant zu halten, denn durch jede Ver-

Abb. 25. Laufrad einer Kaplanturbine mit geöffneten Schaufeln.

Abb. 26. Laufrad einer Kaplanturbine mit geschlossenen Schaufeln.

drehung der Laufradschaufeln entsteht eigentlich ein neues Laufrad. In der richtigen Erkenntnis, daß zur Schaffung einer guten Turbine der gesamte Strömungsvorgang in Betracht zu ziehen ist, die Untersuchungen der Strömungsverhältnisse also nicht auf das Laufrad allein beschränkt bleiben dürfen, hat KAPLAN ganz besondere Sorgfalt auf die Ausbildung des Saugrohres verwendet. Denn wegen der hohen Austrittsenergie des Wassers aus dem Laufrad ist deren teilweise Rückgewinnung für die Güte der Turbine sehr wesentlich.[1]

KAPLAN ist hierbei von folgender Überlegung ausgegangen. Der durch das Leitrad dem Wasser erteilte Wirbel, von KAPLAN auch manchmal Drall genannt, muß durch das Laufrad abgebremst werden.[2] Heute kleidet man diesen Gedankengang in die folgende strenge Form: Die Zirkulation vor dem Laufrad muß, zufolge des Satzes von Lord KELVIN,[3] erhalten bleiben und daher der Summe der Zirkulation um die einzelnen Schaufeln und der Zirkulation beim Laufradaustritt gleichkommen. Die Bewegungsenergie des austretenden Wassers soll durch das Saugrohr zum Teil als Druckenergie zurückgewonnen werden können. Denn die Kraft auf eine Schaufel setzt sich aus dem Druckunterschied vor und hinter der Schaufel zusammen; wenn daher der Druck hinter dem Laufrad durch irgendeine Vorrichtung verkleinert wird, muß die drehende Kraft der Schaufel vergrößert werden. Diese Druckerniedrigung hinter dem Laufrad erfolgt durch das Saugrohr, welches KAPLAN nach dem Prinzip des aerodynamischen Paradoxons konstruiert hatte (vgl. S. 13). Wird nämlich durch die Vorrichtung (Abb. 27), welche aus einer kreisrunden Platte AB, einem in ihrer Mitte angebrachten Blasrohr R und einer darunterliegenden leichten Platte CD besteht, Luft bei R hindurchgeblasen, so wird die Geschwindigkeit beim Austritt $ABCD$ zufolge der Querschnittserweiterung verkleinert, der Strömungsdruck also vergrößert (entsprechend der Gleichung $\frac{v^2}{2g} + \frac{p}{\gamma} = \text{konstant}$, wobei v die Geschwindigkeit, p den Druck, γ das spezifische Gewicht der Luft und g die Erdbeschleunigung bedeuten). Daher muß der Druck im Rohre R vermöge der größeren Geschwindigkeit kleiner sein als der äußere Luftdruck, welcher die bewegliche Platte nach oben drückt. Durch diese Vorrichtung findet die Vergrößerung der Saugwirkung eine anschauliche

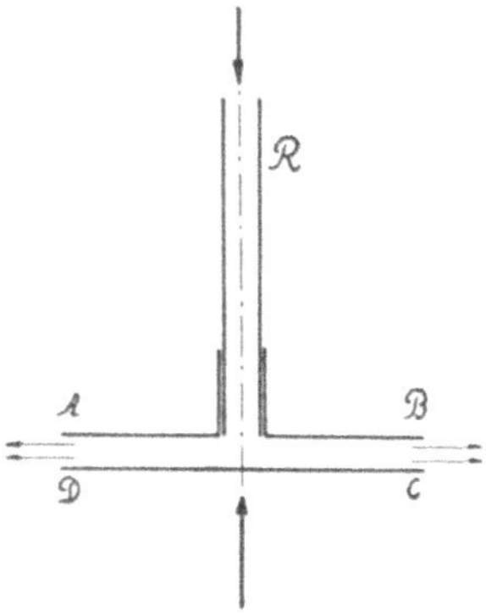

Abb. 27. Aerodynamisches Paradoxon.

Abb. 28. Kaplans Saugrohrkrümmer.

[1] Vgl. ENGLESSON: Wasserkraftjahrbuch 1924, S. 456, und KAPLAN-LECHNER: Theorie und Bau von Turbinenschnelläufern, S. 176.

[2] Vgl. KAPLAN: Wie die Kaplanturbine entstand. Wasserkraftjahrbuch 1925/26, S. 301.

[3] KAPLAN-LECHNER: Theorie und Bau von Turbinenschnelläufern, S. 72.

elementare Erklärung, welcher sich KAPLAN seinerzeit selbst bedient hatte. In Abb. 28 sind einige der abenteuerlich erscheinenden Formen der Saugrohrkrümmer wiedergegeben.

Auf den ersten Blick erkennt man, daß bei dieser Turbine die elementare hydromechanische Theorie (Stromfadentheorie) nicht mehr ausreichen kann. KAPLAN hat daher mehrdimensionale Betrachtungen angestellt, die im Buche „Theorie und Bau von Turbinenschnelläufern" zum Teil in moderner Form wiedergegeben sind. Die Existenz solcher dreidimensionaler Betrachtungen wurde zuweilen mit Unrecht in Zweifel gezogen. Man beachte, daß theoretische Überlegungen in zweifacher Weise getroffen werden können. Es gibt qualitative und quantitative Theorien. Erstere beschränken sich auf eine bloße Begründung des Zusammenhanges der Erscheinungen, letztere suchen den Zusammenhang auch zahlenmäßig festzustellen. Daß KAPLAN beide Arten von Überlegungen angewendet hat, bezeugen schon seine bisherigen Veröffentlichungen und die große Zahl seiner Versuchsreihen, wobei man beachten möge, daß jeder Versuch planmäßig ausgeführt wurde, d. h. daß stets eine theoretische Überlegung vorangegangen ist. Gibt doch der ausgeführte Versuch immer nur Antwort auf eine an die Natur gestellte Frage. — Die im Anhang S. 56 wiedergegebene Zusammenstellung der Patente Professor KAPLANS[1] möge zeigen, welche Fülle von Gedankenarbeit KAPLAN geleistet hat.

Aus der Formel für die spezifische Drehzahl

$$n_s = \frac{n\sqrt{N}}{H\sqrt[4]{H}}$$

wo N die effektive Leistung der Turbine, H die Gefällshöhe, n die Umdrehungszahl in der Minute bedeuten, ergibt sich auch die Wichtigkeit der schnellaufenden Turbine für niedere Gefällshöhen (kleine H). Durch die Kaplanturbine können die Energiemengen der großen Ströme bei geringem Gefälle der wirtschaftlichen Verwertung zugeführt werden. Darin ist auch ihre große wirtschaftliche Bedeutung gelegen (vgl. S. 34ff.).

Aber die Kaplanturbine hat nicht nur einen hervorragenden wirtschaftlichen Wert, sie ist auch für den weiteren Ausbau der Hydrodynamik fördernd gewesen. Eine schier unabsehbare Literatur über die Strömung durch ruhende und bewegte Schaufelgitter ist entstanden, der eine ganz stattliche Zahl von „Theorien" über die Kaplanturbine zur Seite gestellt werden kann. Und dazu hat die tatenreiche Arbeit eines Mannes Veranlassung gegeben. Heute ist es nicht schwer, mit Hilfe der ausgebauten Hydromechanik sich von der Richtigkeit der in den Patentschriften und sonstigen Veröffentlichung seinerzeit bekanntgegebenen Gedankengänge KAPLANS zu überzeugen.

Wie die Schaufeln der Kaplanturbine sich harmonisch in die Hydromechanik einfügen lassen, sei hier an einigen Beispielen gezeigt. — Im Jahre 1848 hatte der Professor der Berliner Universität MAGNUS jene Ablenkung rotierender Geschosse aus ihrer Bahn zu erklären versucht, für welche die Kreiseltheorie keine Erklärung

[1] Diese Zusammenstellung hat Herr Ing. J. SLAVIK freundlichst zur Verfügung gestellt, wofür ihm an dieser Stelle der Dank ausgesprochen sei.

gab. Mit Hilfe des BERNOULLIschen Theorems gelang es MAGNUS die Ablenkung zu erklären. Die Luft streicht relativ in der Richtung des angezeigten Pfeiles c an der in Wirklichkeit nach links bewegten und rotierenden Kugel vorbei. Durch die Reibung wird aber dieser Strömung noch eine Zirkulationsströmung überlagert. Dadurch wird an der Stelle A (Abb. 29) die Geschwindigkeit größer sein als an der Stelle B. Dann muß dem BERNOULLIschen Theorem zufolge der Druck bei A kleiner sein als bei B, also erfährt die Kugel eine Kraft P, welche von B nach A gerichtet ist und die Kugel senkrecht zu ihrer Bewegungsrichtung abzulenken sucht. Dieser Effekt wird Magnuseffekt genannt. — Auch die Auftriebskraft, welche der Tragflügel eines Aeroplans erfährt, ist von gleicher Art. Auf der hohlen Seite des Tragflügels wird die Luftströmung verzögert; daher ist der Druck auf dieser Seite größer als auf der konvexen Seite. Die Größe dieses dynamischen Auftriebes, der durch den Druckunterschied zwischen der konkaven und konvexen Seite entsteht, kann nach der von KUTTA und JOUKOWSKY entwickelten Formel[1] berechnet werden, indem man der gewöhnlichen Strömung eine Zirkulationsströmung überlagert denkt. Damit ist die Analogie mit dem Magnuseffekt gegeben. Die entwickelten Formeln ähneln denen des Kraftfeldes, welches ein vom elektrischen Strom durchflossener Leiter in einem homogenen Magnetfeld erzeugt. Die hydrodynamisch-elektrischen Analogien sind von FÖTTINGER beschrieben worden. Die Schaufeln einer Kaplanturbine haben flügelartige Gestalt; die Berechnung der Druckkraft gestaltet sich analog der früher angedeuteten Berechnung der Auftriebskraft einer Tragfläche. Die Kaplanturbine hat eine innige Verbindung von Turbinen- und Tragflügeltheorie angebahnt.

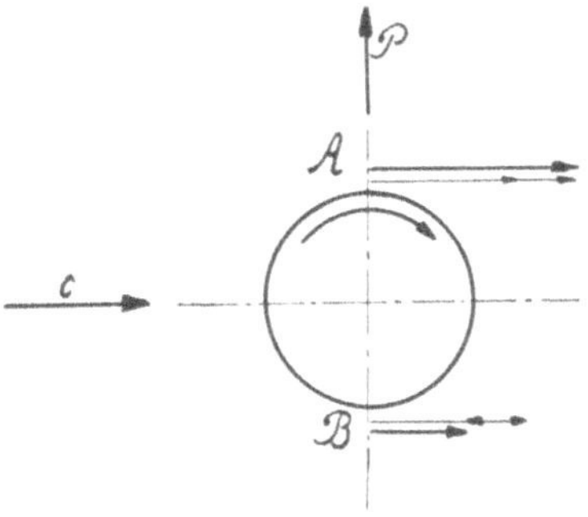

Abb. 29. Magnuseffekt.

Auch der „Flettnerrotor" gehört in den Kreis der hier genannten Erscheinungen. Nur hat bei diesem nach einem Erfolg versprechenden Anfang sich nicht jene wirtschaftliche Bedeutung ergeben, wie sie sich bei der zuerst bekämpften, dann sich mühsam durchsetzenden Kaplanturbine tatsächlich eingestellt hat.

VI.
Die Jahre des Aufstieges und die letzten Lebensjahre.

Veröffentlichungen. Erfolge seiner Lizenzfirmen. Prozesse. Verschiedene Ehrungen. KAPLANS Tätigkeit auf Rochuspoint. Anzeichen dauernder Genesung. Sein plötzliches Hinscheiden.

Im Herbst des Jahres 1922 war KAPLAN nach einer Kur in Bad Hall nach Brünn zurückgekehrt und hatte versucht, seine Tätigkeit wieder aufzunehmen. Er gebrauchte auch in den folgenden Jahren Bäder in Gmunden, namentlich aber in Schallerbach und später in Gastein. Sein Zustand besserte sich zusehends. Aufmerksam verfolgte er die hervorragenden Leistungen seiner Lizenzfirmen und

[1] Vgl. KAPLAN-LECHNER a. a. O., S. 73ff.

gewahrte mit Freuden die sichtbaren Anzeichen des durchschlagenden Erfolges seines Lebenswerkes. Die Gewißheit, etwas Hervorragendes geleistet zu haben, trug viel zur Besserung seines Gesundheitszustandes bei. KAPLANS Schaffenslust begann sich wieder zu regen. Eine Anzahl Patente wurde angemeldet,[1] er arbeitete mit seinen Assistenten wieder im Laboratorium. Im Wasserkraftjahrbuch 1924 erschien von ihm eine Arbeit über „Kavitationserscheinungen bei Turbinen mit großer Umlaufsgeschwindigkeit" und im Jahre 1925/26 daselbst eine besonders lesenswerte Veröffentlichung: „Wie die Kaplanturbine entstand". Nachrichten, wie die von der bevorstehenden Eröffnung des schwedischen Großkraftwerkes Lilla Edet wirkten günstig auf KAPLANS Gesundheitszustand ein; die Genesung schritt sichtbar vorwärts, obwohl ihm Ruhe noch lange nicht beschieden sein sollte. Im Jahre 1925 verwarf das Reichsgericht in Leipzig die gegen das KAPLANsche Hauptpatent eingebrachte Nichtigkeitsklage. Damals unterstützten alle Firmen, welche Kaplanturbinen ausführten, den Erfinder im Prozeß gegen seine sachlichen Gegner.

Im März 1926 wurde auch ein Angriff auf die Ehre KAPLANS durch richterlichen Spruch abgewiesen, die Zeit der Kränkungen und Aufregungen ging zu Ende. In der wissenschaftlichen Welt hatten unparteiische Gutachter bei den verschiedenen Prozessen ihre Äußerungen zugunsten KAPLANS abgegeben. Es seien die Namen Prof. Dr. D. THOMA und Prof. Dr. ZERKOWITZ von der Technischen Hochschule in München und Prof. Dr. F. JUNG von der Technischen Hochschule in Wien besonders hervorgehoben.

Im Mai 1926 wurde KAPLAN auf Grund seiner Verdienste, die nun allseitige Anerkennung fanden, zum Ehrendoktor der Deutschen Technischen Hochschule in Prag promoviert und im November desselben Jahres wurde seines 50. Geburtstages in vielen Zeitschriften ehrend gedacht.

KAPLAN empfand im Jahre 1927 die Nachricht, daß nun auch in Amerika von der Firma S. MORGAN SMITH Co. Turbinen gebaut werden sollten, die seinen Namen tragen würden, als eine besondere Genugtuung. Die Wiener Technische Hochschule hatte im Besetzungsvorschlage für die nach dem Hinscheiden Professor BUDAUS verwaiste Lehrkanzel für Wasserkraftmaschinen KAPLAN an erster Stelle genannt. Leider konnte KAPLAN mit Rücksicht auf seinen Gesundheitszustand dieser Berufung nicht Folge leisten. —

Im Wasserkraftjahrbuch 1927/28, S. 415 ist sein Bericht über „Die Entwicklung des Kaplanlaufrades" erschienen. In der Zeitschrift „Elektrische Arbeit" veröffentlichte KAPLAN 1929 einen Artikel „Die künftige Entwicklung des Wasserturbinenbaues". Er sieht in dem verständnisvollen Zusammenarbeiten von Theorie und Versuchsanstalten den weiteren Fortschritt des Turbinenbaues gelegen. Zwei kleinere Artikel in der „Technik für Alle", „Männer des Wortes und der Tat" (1928), sowie „Die technische Macht" (1929) zeugen von der hohen Auffassung, die KAPLAN von der Technik hatte. Diese erscheint ihm nicht als eine satanische Macht, wie SPENGLER u. a. sie ansehen. Alles Unheil, das angeblich von dem technischen Fortschritt ausgehe, ist nach KAPLAN nur dem Umstande zuzuschreiben, daß die Technik in der Hand von Machtgierigen gelegen sei.

---

[1] Vgl. S. 56 dieser Biographie.

Schon im Jahre 1924 ist zwischen dem Verlag OLDENBOURG, KAPLAN und LECHNER ein Vertrag geschlossen worden, der sich auf die Herausgabe einer Neuauflage des im Jahre 1908 erschienenen Buches bezog. 1931 ist dieses neue Werk erschienen, in welchem KAPLAN die Gedankengänge, welche ihn zu seiner Turbine geführt hatten, ausführlich dargestellt hat und in dem auch die exakte Begründung seiner Erwägungen zu geben versucht worden ist.

Abb. 30. Kaplan in den letzten Lebensjahren.

Sehr erfreut war KAPLAN über seine im Jahre 1930 erfolgte Ernennung zum Ehrenbürger von Unterach und über die Verleihung der goldenen Medaille des Österreichischen Ingenieur- und Architekten-Vereins in Wien, sowie über seine Berufung zum Mitglied des Deutschen Museums in München.

Seit 1931 hatte sich KAPLAN, nachdem er um seine Pensionierung angesucht, ganz auf Rochuspoint zurückgezogen. Es zeigt von Wertschätzung und äußerst kollegialem Empfinden des Professorenkollegiums der Deutschen Technischen Hochschule in Brünn, daß dieses die seinerzeitigen Ansuchen um Beurlaubung stets befürwortend weiterleitete, und es gereicht der Unterrichtsverwaltung des tschechoslowakischen Staates, die dem Erfinder schon früher durch Gewährung von Geldmitteln einen Ausbau seiner Versuchsanstalt ermöglicht hatte, nur zur Ehre, daß sie dem Pensionierungsgesuch in Anbetracht der Leistungen Professor KAPLANS nicht unmittelbar entsprach, sondern ihm weiteren Urlaub zubilligte, stets hoffend, daß die Gesundheit KAPLANS doch wieder voll hergestellt werden könnte und dann KAPLANS Kraft der Hochschule erhalten bleibe. Aber seit seiner schweren Erkrankung im Februar 1922 war KAPLAN ein anderer geworden. Wohl versuchte er, wie wir gesehen haben, die Arbeit wieder aufzunehmen und bekundete regen

Abb. 31. Arbeitszimmer Kaplans auf Rochuspoint.

Anteil an allem, was mit seiner Turbine, mit Wissenschaft und Technik zusammenhing. Dies bezeugen seine wissenschaftlichen Veröffentlichungen, die seit 1922 erschienen sind, sowie die Erwiderungen auf die Angriffe seiner nicht verstummenden Gegner.

Aber der Schwung, die belebende Kraft fehlte! Der lebhafte Glanz seiner Augen war erloschen, Müdigkeit sprach aus ihnen, und die Elastizität seines Körpers war dahin. Mochte aber auch die Tätigkeit gehemmt sein, der Wille, etwas zu schaffen, war nicht gebrochen worden. Aus diesem Zwiespalt zwischen Können und Wollen erklärt sich so manches, was von Fernstehenden als abnormal bezeichnet werden könnte. Die zahlreichen Holzbauten, die KAPLAN auf Rochuspoint errichten ließ, und welche teils zur Unterbringung der Werkzeugmaschinen, teils als Kinosaal und als Garage dienen sollten, die fortwährenden verschiedenartigsten Arbeiten, deren sofortige Ausführung KAPLAN anordnete, entsprangen alle dem beinahe faustisch anmutenden Schaffenstrieb KAPLANS. Er fühlte sich förmlich wohl, wenn alles um ihn herum mit Arbeit beschäftigt war. Als KAPLAN von Lebenskraft strotzte, war sein ganzes Sinnen und Streben nur der Hydraulik und dem Turbinenbau zugewandt; jetzt äußerte sich sein Schaffenstrieb auch auf Gebieten, die wohl außerhalb der exakten Wissenschaften standen. Einige Beispiele seien hier angeführt.

Den Wegen auf Rochuspoint fehlte der notwendige Schotter. KAPLAN konstruierte nun einen eigenartigen Sandfang, vermöge dessen es gelang, das Geschiebematerial eines bei Rochuspoint vorbeifließenden Gebirgsbaches zu gewinnen und damit auch den Schotter zu erhalten. Was alle bezweifelt hatten, war KAPLAN wiederum gelungen. Es war überhaupt sein Streben, alles selbst herzustellen und eine gewisse Unabhängigkeit zu erreichen.

Abb. 32. Schmelzofen auf Rochuspoint.

Es sollte auf Rochuspoint ein Wasserbehälter für die Turbinenanlage des Hauses errichtet werden. Mit ein paar Arbeitern wurde unter Hilfeleistung von Familienmitgliedern und Gästen diese Arbeit sowie die Anlegung einer Straße auf Rochuspoint in kurzer Zeit vollendet. KAPLAN stellte auch zur Regelung der Turbine eine Vorrichtung her, welche durch einen einfachen Mechanismus vom Zimmer aus betätigt werden kann.[1] Sowohl bei der Trassierung der Straße als auch bei der Anfertigung der Reguliervorrichtung war ihm sein Jugendfreund FRANZ MAYER behilflich gewesen.

Bei diesem Schaffensdrang darf es nicht überraschen, wenn KAPLAN die Idee seines Schwiegersohnes Ing. Dr. EDWIN KRAMBERGER, einen neuen hochwertigen Lötkolben herzustellen, mit Freuden aufgriff und mit der ihn besonders auszeichnenden Beharrlichkeit an die Ausführung schritt. Dieser Lötkolben wird aus Kupfer gegossen, die elektrische Heizspirale in das Innere des Kupferkörpers gelegt. Das Kupfer wurde in Form von Altkupfer und Kupferdraht beschafft und in einem eigens dazu errichteten Versuchsofen geschmolzen (Abb. 32).

So finden wir KAPLAN auf seiner Besitzung immer vollbeschäftigt; umsichtig leitete er die Wirtschaft auf Rochuspoint, ließ Obstkulturen anlegen, pflegte Bienenzucht und sorgte für seine Wiesen.

Er hatte sich stets auf die Zeit gefreut, wo er sich ganz der Pflege seines Anwesens, das er seinerzeit in einem recht unzulänglichen Zustand übernommen hatte, widmen könne. Aber als schließlich im Frühjahr 1934 seinem Pensionierungsansuchen entsprochen wurde, wobei er das Recht erhielt, als Honorarprofessor

[1] Diese Vorrichtung ist in Abb. 31 beim linken Fenster zu sehen.

jederzeit Vorlesungen halten zu dürfen, da fiel ihm der Abschied vom akademischen Leben doch recht schwer!

Er verbrachte den Monat Juni des Jahres 1934 mit seiner Frau und den Eltern seines Schwiegersohnes KRAMBERGER in Warmbad Villach und kehrte Anfang Juli neugestärkt und voller Hoffnung, doch wieder ganz gesund zu werden, nach Unterach zurück. Am 18. Juli 1934 war es ihm vergönnt, im Kreise seiner Familie, die noch um zwei liebliche Enkelkinder GRETE und HELGA vermehrt worden war, das Fest der silbernen Hochzeit feiern zu können. Nach den Jahren der Arbeit, des

Abb. 33. Sterbezimmer Kaplans auf Rochuspoint.

Kampfes und der Sorge sollten nun doch Jahre der Ruhe und Friedlichkeit folgen. Jedenfalls waren alle Anzeichen dafür vorhanden; leider hatte es das Schicksal anders bestimmt.

In der Zeit vom 18. bis 21. August waren noch seine Freunde FRANZ MAYER, Dr. RICHARD und KARL WOLF, sowie sein Assistent SLAVIK mit ihm beisammen.

In diesen Tagen überbrachte noch Prof. Dr. ALFRED HAWRANEK aus Brünn die Nachricht von KAPLANS Ernennung zum Ehrendoktor der Deutschen Technischen Hochschule in Brünn, über welche Nachricht sich KAPLAN sehr freute.

Am Abend des 22. August war er noch bei bestem Wohlbefinden. Nichts ließ auf eine Katastrophe schließen. Er ging wie gewöhnlich um 9 Uhr zu Bett. Um $^1/_2$5 Uhr früh stand er noch auf, das Fenster seines Schlafzimmers zu schließen. Gegen $^1/_2$6 Uhr früh vernahm seine Gattin ein Röcheln — die Katastrophe war plötzlich eingetreten. Alle rasch herbeigeholte ärztliche Hilfe war vergebens. Um $^3/_4$5 Uhr nachmittags verschied VIKTOR KAPLAN in den Armen seiner getreuen

Frau. Einem Schlaganfall ist Professor KAPLAN erlegen. Ein tatenreiches Leben war beendet.

Am 27. August wurde was an Professor KAPLAN sterblich war, unter der regen Anteilnahme der Unteracher Bevölkerung zur Erde bestattet.[1] An seinem Grabe hielten Professor Dr. HUNTSDORFER aus der Benediktinerabtei Kremsmünster, Prof. Ing. Dr. HAWRANEK als Rektor der Deutschen Technischen Hochschule in

Abb. 34. Ruhestätte Viktor Kaplans auf Rochuspoint.

Brünn, Prof. Dr. LECHNER als Vertreter des Rektors der Technischen Hochschule in Wien und Ing. H. STOREK aus Brünn warmempfundene Nachrufe.

KAPLANS letzter Wunsch war, auf Rochuspoint in eigener Erde bestattet zu werden. Diesem Wunsche wurde auch von seiner Familie entsprochen und seit 16. November 1935 ruhen die irdischen Überreste in einer von den Architekten SIEGFRIED THEISS und HANS JAKSCH entworfenen Ruhestätte auf der sonnigen Höhe von Rochuspoint (Abb. 34).

[1] Die Beisetzung erfolgte provisorisch in der Gruft Prof. HAUSSNERS.

VII.
Kaplans Persönlichkeit.

In großen Zügen wurde im vorstehenden der Lebenslauf KAPLANS mit besonderer Berücksichtigung seiner Forscher- und Erfindertätigkeit zu geben versucht. Das Lebensbild dieses hervorragenden Technikers soll jetzt noch durch eine Schilderung seiner besonderen Charaktereigenschaften und seiner Persönlichkeit ergänzt werden. Eine Haupteigenschaft KAPLANS bildete die Treue. Er schloß sich zwar schwer jemandem an, sein Abschließen mögen viele falsch gedeutet haben, aber wer das Glück hatte, mit ihm in engeren Verkehr zu treten, der konnte seiner Anhänglichkeit gewiß sein. Keinen vergaß er, der ihm einmal Freund gewesen! Auch als er zu Wohlstand, Ansehen und Weltberühmtheit gelangt war, vergaß er seine alten Freunde und Verwandten nicht und suchte gern die Stätten seiner Jugend auf.

Abb. 35. Kaplan, der Wanderer.

Vergalt er Freundschaft mit Freundschaft, so mußte, wer ihn angriff, sich gar bald davon überzeugen, in KAPLAN einen Gegner gefunden zu haben, der wahrlich nichts schuldig blieb, sondern jeden Angriff durch einen heftigen Gegenangriff parierte. Und doch mögen seine Gegner überzeugt sein, daß KAPLAN jederzeit bereit gewesen, die Hand zur Versöhnung zu reichen, falls dies ehrlich gewünscht worden wäre. Er ist dem Kampfe nie ausgewichen, sondern nahm ihn mutig auf; und doch war Krieg nie KAPLANS Sache, er wünschte immer in Frieden zu leben. Ein Leben, das so mit Arbeit ausgefüllt war, wie das seine, bedurfte der Ruhe.

Abb. 36. Kaplan beim Schachspiel.

Abb. 37. Kaplan im Motorboot auf dem Attersee.

Zwang war ihm verhaßt. Es ist jedenfalls merkwürdig, daß es diesem Manne, welchem jeder Zwang, jede Etikette Unbehagen bereitete, der die individuelle

Abb. 38. Kaplan beim Lesen im Freien.

Freiheit über alles liebte, vorbehalten war, mit der zwangsweisen Führung des Wassers in den Zellen, wie dies bei der Francisturbine der Fall ist, zu brechen, die Gesetze der freien Strömung zu entwickeln und jene Turbine zu schaffen, bei der das Wasser seine Kräfte frei entfalten kann.

Abb. 39. Schaufelklotz zur ersten Versuchsturbine.

Zwang bedeutete für ihn auch die fristgerechte Erledigung der verschiedenen Patenteinsprüche, die gemacht werden mußte, wollte er nicht der Früchte seiner mühevollen Arbeit verlustig gehen, was ihm aber an sich als eine unfruchtbare Tätigkeit erschienen ist. Sie kostete Zeit, die er gerne für schaffende Arbeit verwendet hätte. Aus diesem Unbehagen, das ihm der Zwang auferlegte, erklärt sich auch der nervöse Zustand, die Überreiztheit, die seine nächste Umgebung gar oft zu verspüren bekam und welche sich dann häufig explosivartig äußerte. Dieser nervöse Zustand scheint im Jahre 1922 zum Zusammenbruch seiner Gesundheit geführt zu haben.

Eine Haupteigenschaft KAPLANS war ferner, wie wir bereits gesehen haben, sein Fleiß, seine Ausdauer und Zähigkeit. Man hat KAPLAN wohl nie untätig ge-

Abb. 40. Kaplan und seine Krähe.

sehen! Diese Zähigkeit bezeugt auch Ing. EDWIN STOREK in einem für die Biographie zur Verfügung gestellten Briefe. Darin heißt es: „Oftmals wurde in der Folge die an und für sich schon verstellbare Turbine umgebaut, viele neue Laufradformen entwickelt und versucht, bis im Jahre 1912 ein propellerähnliches Laufrad die ersten Umdrehungen machte, das erste Kaplanrad. Der nunmehrige Adjunkt Dr. KAPLAN hat mit viel Bastlergeschick werktätig eingegriffen. Viele Laufrädchen, Saugrohrformen, Leitschaufeln, Bremseinrichtungen usw. entstanden unter seinen Händen. Er sah weder rechts noch links, starr ging er seinen vorgezeichneten Weg. Es kamen dann die Patentanmeldungen, zu welchen ihm ein Fabriksdirektor seine reichen Erfahrungen frei zur Verfügung stellte, die Großversuche bei VOITH, die erste wirkliche Turbine, die meine Firma baute, der große Wagemut, die Rückschläge und endlich der Weg ins Große.

Dr. KAPLAN, der eigentlich ein echter, gemütlicher und humorvoller Wiener geblieben ist, schien unter dem Banne, den das strömende Wasser auf jeden Menschen ausübt, besonders stark zu stehen. Seine hohen geistigen Fähigkeiten waren, sobald es sich um Wasser und Wasserkräfte handelte, konzentriert dem einen Ziel zugerichtet. Mit dem Eifer und der Selbstverleugnung eines Ignatius von Loyola ist es ihm gelungen, nicht nur sein Ziel zu erreichen, sondern auch eine große Zahl von Jüngern zu finden."

Abb. 41. Kaplan als Familienvater.

Neben der glücklichen Verbindung von Theorie und Beobachtung verdankt er hauptsächlich dieser Zähigkeit seine Erfolge.

Bezüglich seiner wissenschaftlichen Arbeitsmethode sei noch folgendes angeführt. KAPLAN stellte, wie er sich oft auszudrücken pflegte, an die Natur die Frage, und diese hat ihm im Experiment die Antwort gegeben. Er ähnelt hierin wie auch in seiner wissenschaftlichen Einstellung dem Physiker ERNST MACH. War KAPLAN zuerst reiner Forscher, dann Erfinder und Kämpfer für seine Idee, der mit ganzer Kraft den Angriff parierte, so war er nach seiner ersten Erkrankung bereits eine abgeklärte, sogar milde Natur. KAPLAN war kampfesmüde geworden und sehnte sich nach Ruhe und Frieden. Als guter Mensch immer auch Vorliebe für Tiere zeigend, bereiteten ihm Tiere nach seiner Erkrankung eine ganz besondere Zerstreuung. Damit hängt auch eine Affengeschichte zusammen, die einst in den Zeitungen entsprechend aufgebauscht zu lesen war. KAPLAN hielt sich neben Hunden, Katzen, zahmen Krähen auch drei Kapuzineräffchen. Dieselben sollten sich — der Zeitungsnotiz zufolge — eines schönen Tages über seine mit Banknoten gefüllte Brieftasche gemacht haben. KAPLAN widersprach diesem Gerücht und setzte hinzu,

Abb. 42. Kaplan mit seinem Kraftwagen auf dem Paß Lueg.

daß ihm Tiere noch nie Schaden zugefügt hätten, wohl aber haben sich Menschen an seinem geistigen Eigentum vergriffen. Auch meinte er launig: „Durch die Affengeschichte bin ich schneller bekannt geworden als durch meine Turbine.“

Gut war KAPLAN auch zu seinen Mitmenschen; wer ehrliches Streben zeigte, wer sein Brot durch Arbeit, gleichgültig ob durch geistige oder manuelle, redlich verdiente, der konnte seiner Wertschätzung und Hilfe gewiß sein. Und vielen hat er geholfen! Er, der sich durch eigene Arbeit emporgerungen hatte, wußte was Arbeit heißt und schätzte Arbeitsamkeit sehr hoch ein. Daher war auch sein Streben als Vater darnach gerichtet, seine Kinder, die er über alles liebte, zu tüchtigen Menschen zu erziehen.

War er früher ein eifriger Tourist, dem kein Berg zu hoch war, so litt er nach seiner Erkrankung schwer an dem Umstande, seine geliebte Bergwelt nur von unten aus sehen zu können und auf größere Wanderungen verzichten zu müssen. Er war denn auch dem Geschicke dankbar, daß es ihm gegönnt war, ein Auto zu erwerben und mit Hilfe dieses Verkehrsmittels die Stätten seiner Jugendzeit, wie Mürzzuschlag, Neuberg und Südtirol, aber auch die großen Kraftwerke, wo seine Turbinen eingebaut sind, besuchen zu können. Mit Genugtuung hat er diese Werke besichtigt und dankbarst empfand er die Anerkennung, die ihm Männer der Wissenschaft, der Industrie, aber auch die einfachen Arbeiter zollten.

Abb. 43. Einbau der Kaplanturbine in das Rheinkraftwerk Ryburg-Schwörstadt.

Kein Wunder, daß Kaplan nach einem Leben voll Kampf und Entsagung für die Hochschätzung, die ihm aus allen Kreisen der Bevölkerung entgegengebracht wurde, empfänglich war. Besonders freute ihn die Wertschätzung, die ihm auch Erzherzog Josef Ferdinand wiederholt bezeugt hat.

Die lebende Generation hat Kaplan bereits Ehrungen zuteil werden lassen. Es ist jetzt ihre Aufgabe, dafür zu sorgen, daß auch die künftigen Geschlechter seinen verdienstvollen Namen in dauernder Erinnerung behalten mögen.

Aus der Wiener Technischen Hochschule ist KAPLAN hervorgegangen, aus jener Stätte, aus der einst ADAM v. BURG, der emsige Verbesserer der Wasserräder, F. REDTENBACHER, der Begründer des wissenschaftlichen Maschinenbaues und Bahnbrecher der Francisturbine, und J. v. RADINGER, der Schöpfer der schnellaufenden Kolbendampfmaschine, hervorgegangen sind. Zu diesen reiht sich nun KAPLAN, der Erfinder der schnellaufenden Wasserturbine.

Ein Denkmal soll ihm gesetzt werden, würdig seiner Tat! Nicht bloß in Erz oder Marmor, ein lebensvolles, ein technisches Denkmal soll es sein! Denn sein Streben ging darnach, durch seine Erfindung den Fortschritt der Menschheit zu fördern, und diese sollte Nutznießerin seiner Schöpfung werden.

Abb. 44. Shannon Kraftwerk in Irland.

Ein mit Kaplanturbinen ausgestattetes Großkraftwerk, wie solche im Deutschen Reiche, in Schweden, in Rußland u. a. O. bereits vorhanden sind, möge auch in seinem Heimatlande am Donaustrom entstehen und seinen Namen tragen, auf daß in den kommenden Geschlechtern die Erinnerung an diesen bahnbrechenden österreichischen Forscher und Erfinder dauernd fortlebe!

Anhang.[1]

I. Verzeichnis der wichtigsten Veröffentlichungen KAPLANS.

1. Über die Verwendungsmöglichkeit von hochgespannten bzw. verflüssigten Gasen im Wärmemotorenbetriebe. Zeitschr. f. d. ges. Kohlensäureindustrie, 1905, Heft 10 u. 11.
2. Ein neues Verfahren zur Berechnung und Konstruktion der Francisturbinenschaufel. Zeitschr. f. d. ges. Turbinenwesen, 1905, S. 113.

[1] Außer den hier angeführten Österreichischen und Deutschen Reichs-Patenten wurden auch in vielen anderen Kulturstaaten Patente auf die meisten hier angegebenen Erfindungsgegenstände erteilt. Die Gesamtzahl aller KAPLAN-Patente beträgt etwa 260.

3. Theoretische Untersuchungen und deren praktische Verwertung zur Bestimmung rationeller Schaufelformen für Schnelläufer. Ebenda, 1906, S. 2.
4. Über die rationelle Ausbildung der Laufradbegrenzung von Schnelläufern. Ebenda, 1907, S. 234.
5. Über die praktische Verwendbarkeit der LORENZschen Turbinentheorie und Vorschläge zur Klarstellung der Wasserbewegung in Kreiselrädern. Ebenda, 1907, S. 69.
6. Nachweis der Richtigkeit der derzeit gebräuchlichen Turbinentheorien auf Grund von Bremsproben an ausgeführten Turbinenanlagen. Ebenda, 1907, S. 189.
7. Bau rationeller Francisturbinenläufer. Verlag R. Oldenbourg, München, 1908.
8. Über den gegenwärtigen Stand der Theorie und Praxis des Wasserturbinenbaues. Mitt. d. dtsch. Ing.-Ver. in Mähren, 1910, Heft 1.
9. Die Entwicklung der Theorie und des Baues der Wasserkraftmaschinen. Zeitschr. f. Mühlen- u. Speicherbau, 1911, S. 205.
10. Versuche über das Sichtbarmachen der Wasserströmung in den Turbinen und dessen Verwertung in der wissenschaftlichen Forschung. Mitt. d. k. k. techn. Versuchsamtes, Wien 1912, Heft 2 u. 3.
11. Einrichtung und Versuchsergebnisse des Turbinenlaboratoriums an der deutschen Techn. Hochschule in Brünn. Zeitschr. d. Österr. Ing.- u. Arch.-Ver., Wien 1912, Heft 17, S. 257.
12. Auszugsweise Veröffentlichung über die Versuchsergebnisse des Turbinenlaboratoriums an der Deutschen Techn. Hochschule in Brünn. Die Turbine, 1912, Heft 22.
13. Die Gesetze der Flüssigkeitsströmung bei Berücksichtigung der Flüssigkeits- und Wandreibung. Zeitschr. d. Vereins Deutscher Ingenieure, 1912, S. 1578.
14. Die Berechnung der Flüssigkeitsreibung in Saugrohren, Düsen und Zellen von Turbinen und Pumpen. Zeitschr. f. d. ges. Turbinenwesen, 1912, S. 83.
15. Die zweidimensionale Turbinentheorie mit Berücksichtigung der Wasserreibung und deren Anwendung und Ergebnisse bei Schaufelkonstruktionen. Ebenda, 1912, Heft 34—36.
16. Entwicklung und Versuchsergebnisse einer Wasserturbine. Zeitschr. d. Österr. Ing.- u. Arch.-Ver., 1917, S. 473—497.
17. Eine neue Wasserturbine und ihre Beziehung zur Wasserwirtschaft. Die Wasserwirtschaft, 1917, Heft 10—14.
18. Eine neue Wasserturbine und ihre Beziehungen zur Elektrotechnik. Elektrotechnik und Maschinenbau, 1917, Heft 33, S. 393.
19. Wie läßt sich die Leistung bestehender Wasserkraftanlagen ohne erhebliche Betriebsstörungen erhöhen? Die Wasserwirtschaft, 1917, Heft 21.
20. Eine neue Wasserturbine. Zeitschr. f. d. ges. Wasserwirtschaft, 1917, Heft 22.
21. Eine neue Wasserturbine und ihre Verwendung in den Papierfabriken. Zentralbl. d. österr.-ung. Papierindustrie, 1917, Heft 23.
22. Eine neue Wasserturbine und ihre Beziehung zum Mühlenbau. Die Mühle, 1917, Heft 14.
23. Die Kaplanturbine und ihre Beziehungen zur Wasserwirtschaft. Wasserwirtschaft, 1918, Heft 6.
24. Über schwarze und weiße Kohle. Zeitschr. f. d. ges. Turbinenwesen, 1918, Heft 32.
25. Über die Wasserkräfte im allgemeinen und deren Ausnützung durch eine neue Turbine. Mähr.-Schles. Gewerbe-Ztg., 1918, Heft 4.
26. Wesen und Wirkungsweise der Kaplanturbine. Zentralbl. f. Papierindustrie, 1918, Heft 21.
27. Wesen und Wirkungsweise der Kaplanturbine. Zentralbl. f. Papierindustrie, 1919, Heft 21.
28. Das Wesen und die Bremsergebnisse der Kaplanturbine. Wasserwirtschaft, Wien, 1919, Heft 19.
29. Kaplanturbine oder Francisturbine? Zeitschr. f. d. ges. Turbinenwesen, 1919, S. 346.
30. Über den wirtschaftlichen Antrieb von Sägewerken. Zeitschr. f. Mühlen- u. Speicherbau, 1920, Heft 4 u. 8.

31. Der Wirkungsgrad der Kaplanturbine. Die Mühle, 1920, Heft 31.
32. Eine neue Wasserturbine für den Mühlenbetrieb. Die Mühle, 1920, Heft 3.
33. Wesen und Wirkungsweise der Kaplanturbine. Techn. Rundschau, Bodenbach, 1920, Heft 8.
34. Bremsergebnisse einer Kaplanturbine. Zeitschr. f. d. ges. Turbinenwesen, 1920, Heft 19 u. 20.
35. Die Entstehungsgeschichte der neuen amerikanischen Schnelläuferturbinen. Zeitschr. „Die Wasserkraft", 1921, S. 42. Daselbst S. 150 u. 343 noch folgende Aufsätze: „Amerikanische Erfindungen", „Herr POEBING und seine Beziehungen zur Kaplanturbine".
36. Was ist die Propellerturbine? Wasserkraft, München, 1925, Heft 8.
37. Kavitationserscheinungen bei Turbinen mit großer Umlaufsgeschwindigkeit. Wasserkraftjahrbuch, 1924.
38. Wie die Kaplanturbine entstand. Wasserkraftjahrbuch, 1925/26.
39. Die Donau als Energiequelle. Zeitschr. d. Österr. Ing.- u. Arch.-Ver., 1926, Heft 3/4.
40. Die Entwicklung des Kaplanlaufrades. Wasserkraftjahrbuch, 1927/28.
41. Die künftige Entwicklung des Wasserturbinenbaues. In „Elektrische Arbeit", 1929.
42. Männer des Wortes und der Tat. In „Technik für Alle", 1928.
43. Die technische Macht. Ebenda, 1929.
44. Francisschnellaufer und Propellerturbine. Die Wasserwirtschaft, 1929, S. 437.
45. Theorie und Bau von Turbinenschnelläufern. Verlag Oldenbourg, München, 1931.

II. Verzeichnis der Patente KAPLANS.

1. „Kreiselmaschine I." Kreiselmaschine mit radialem Leitrad und vorwiegend axial durchflossenem Laufrad. Erstanmeldung in Österreich am 28. XII. 1912. Österr. Pat. Nr. 74388, D.R.P. 293591.
2. „Kreiselmaschine II." Kreiselmaschine mit weitem schaufellosen Raum zwischen dem vorwiegend radialen Leitrad und dem vorwiegend axialen Laufrad. Erstanmeldung in Österreich am 16. IX. 1913. Österr. Pat. Nr. 86511, D.R.P. 325061.
3. „Regulierung I. Hauptpatent." Kreiselmaschine mit drehbaren Laufradschaufeln. Erstanmeldung in Österreich am 7. VIII. 1913. Österr. Pat. Nr. 74244, D.R.P. 289667.
4. „Laufrad I. Hauptpatent." Laufrad ohne Zellen, Profillänge kürzer als zugehörige Schaufelteilung. Erstanmeldung in Österreich am 6. X. 1913. Österr. Pat. Nr. 73820, D.R.P. 300591.
5. „Leitvorrichtung." Leitvorrichtung für Kreiselmaschinen mit erzwungener Ablenkung des Arbeitsmittels im Leitradraum. Erstanmeldung in Österreich am 17. II. 1914. Österr. Pat. Nr. 74722, D.R.P. 344131.
6. „Regulierung Zusatz I." Anordnung des Kurbelmechanismus zur Betätigung der verdrehbaren Laufradschaufeln. Erstanmeldung in Österreich am 18. V. 1914. Österr. P. Nr. 82798, D.R.P. 325860.
7. „Düse I." Düse zur Umsetzung von Geschwindigkeit in Druck mit scharfer Strahlablenkung. Erstanmeldung in Österreich am 10. VIII. 1914. Österr. P. Nr. 77595, D.R.P. 319780.
8. „Laufrad Zusatz III." Flügelrad, bei welchem die Länge des Schaufelschnittes mit einer Stromfläche ungefähr gleich ist der halben Schaufelteilung. Erstanmeldung in Österreich am 15. IX. 1915. Österr. P. Nr. 77597, D.R.P. 326919.
9. „Laufrad Zusatz I." Laufrad, dessen Schaufeln außen zellenlos sind, innen jedoch Zellen bilden. Erstanmeldung in Österreich am 30. X. 1915. Österr. P. Nr. 81485, D.R.P. 322233.
10. „Düse II." Düse zur Umsetzung von Geschwindigkeit in Druck mit gerader Mittellinie und trompetenförmiger Erweiterung gegen eine Ablenkungswand. Erstanmeldung in Österreich am 2. VIII. 1916. Österr. P. Nr. 77080, D. R. P. 323084.

11. „Laufrad Zusatz II.“ Flügelrad, bei welchem die Schaufelteilung ungefähr doppelt so groß ist als die Projektion des Schaufelprofils auf die Teilung. Erstanmeldung in Österreich am 5. VIII. 1916. Österr. P. Nr. 77596, D.R.P. 326920.
12. „Laufrad II.“ Axiales Laufrad mit maximal $^1/_3$ Überdeckung an den äußeren Schaufelteilen. Erstanmeldung in Österreich am 11. VII. 1917. Österr. Pat. Nr. 99786, D.R.P. 438778.
13. „Laufrad III.“ Laufradwinkel mit stark gekrümmten Profilen, Austrittswinkel kleiner als der achte Teil des Eintrittswinkels. Erstanmeldung in Österreich am 2. I. 1918. Österr. Pat. Nr. 89527, D.R.P. 337387.
14. „Laufrad Zusatz IV.“ Flügelrad, bei welchem der Flächeninhalt der Laufradschaufeln kleiner ist als $^1/_3$ der vollen Kreisfläche des Laufrades. Erstanmeldung in Österreich am 12. VIII. 1919. Österr. Pat. Nr. 93095, D.R.P. 335701.
15. „Düsenfortsatz.“ Düsenverlängerung. Erstanmeldung in Österreich am 28. VI. 1920. Österr. Pat. Nr. 98553, D.R.P. 185634.
16. „Rohrkrümmer.“ Rohrkrümmer mit veränderlichem Rohrquerschnitt. Erstanmeldung in Österreich am 28. VI. 1920. Österr. Pat. 95366, D.R.P. 353695.
17. „Düsenstege.“ Düse zur Umsetzung von Geschwindigkeit in Druck mit Zwischenwänden. Erstanmeldung in Österreich am 19. XII. 1921. Österr. Pat. Nr. 94877.
18. „Düsenanordnung I.“ Anordnung mehrerer Düsen. Erstanmeldung in Österreich am 19. XII. 1921. Österr. Pat. Nr. 94878.
19. „Düsenanordnung II.“ Ebenso. Österr. Pat. Nr. 97311.
20. „Regulierung 2.“ Laufschaufelregulierung mit Antrieb der Drehschaufeln durch ein gemeinsames Zahnrad. Erstanmeldung in Österreich am 19. XII. 1921. Österr. Pat. Nr. 95922, D.R.P. 378676.
21. „Regulierung III.“ Laufschaufelregulierung, bei welcher sich die scheibenförmigen Schaufelschäfte auf einem gemeinsamen Ring abstützen. Erstanmeldung in Österreich am 19. XII. 1921. Österr. Pat. Nr. 99126, D.R.P. 390223.
22. „Regulierung IV.“ Laufschaufelregulierung, bei welcher die Schaufeln mit ihren Schäften in die Nabe eingeschraubt sind. Erstanmeldung in Österreich am 19. XII. 1921. Österr. Pat. Nr. 94879, D.R.P. 378677.
23. „Regulierung V.“ Laufschaufelregulierung, bei welcher nur einzelne Schaufeln verstellbar sind. Erstanmeldung in Österreich am 19. XII. 1921. Österr. Pat. Nr. 99298. D.R.P. 390224.
24. „Laufrad IV.“ Laufrad mit nach Schraubenflächen konstanter Steigung geformten Schaufeln. Erstanmeldung in Österreich am 19. XII. 1921. Österr. Pat. Nr. 109016.
25. „Laufrad V.“ Verfahren zur Herstellung von Laufrädern gleicher spezifischer Drehzahl für Kaplanturbinen oder Pumpen. Erstanmeldung in Österreich am 6. II. 1922. Österr. Pat. Nr. 104583.
26. „Laufrad VI.“ Laufrad, bei welchem die Rückenseiten der Schaufelprofile nach der Theorie geformt sind. Erstanmeldung in Österreich am 15. IX. 1922. Österr. Pat. Nr. 98086, D.R.P. 404165.
27. „Laufrad VII.“ Kaplanturbine, bei welcher die Fläche der Laufradschaufeln höchstens gleich ist der halben, durch Rotation der Leitradaustrittskanten um die Laufradachse gebildeten Fläche. Erstanmeldung in Deutschland am 25. VI. 1923. D.R.P. 454573.
28. „Langsamläufer II.“ Langsamlaufendes Kaplanlaufrad mit großem Nabendurchmesser. Erstanmeldung in Österreich am 13. VI. 1921. Schweiz. Pat. Nr. 101469.
29. „Laufradschaufel.“ Laufradschaufel, bei welcher die Vorder- und Rückenprofile durch Verdrehung aus einander gebildet sind. Erstanmeldung in Österreich am 23. V. 1921. Österr. Pat. Nr. 94868.
30. „Regulierung Va.“ Laufrad mit Drehschaufeln und festen Schaufeln, die in verschiedenen Ebenen angeordnet sind. Erstanmeldung in Österreich am 4. I. 1923. Österr. Pat. Nr. 100875.
31. Kreiselmaschine mit weitem schaufellosem Raum zwischen dem im Wesen radialen Leitrad und dem im Wesen axialen Laufrad, wobei das Laufrad zellenlos ist.

(„Kreiselmaschine III.") Erstanmeldung in Österreich am 24. IX. 1921, bzw. 29. VII. 1914. Österr. Pat. Nr. 93115.

32. „Saugrohr." Saugrohr mit starker Erweiterung. Erstanmeldung in Österreich am 2. I. 1922. Österr. Pat. Nr. 96380.
33. „Langsamläufer III." Laufrad für langsamlaufende Kaplanturbinen. Erstanmeldung in Österreich am 27. VI. 1925. Österr. Pat. Nr. 120669.

III. Zusammenstellung einiger beachtenswerten Kaplanturbinenanlagen.

Nr.	Anlage	N_1	N PS	Q m³/sek	H m	n_s	D_1 m
1	Vargön, Schweden	1705	15200	314	4,3	930	7
2	Vargön, Schweden	1660	14800	303	4,3	920	8
3	Ryburg-Schwörstadt, Deutsches Reich-Schweiz	1040	36400	307	10,7	739	7
4	Swir III, Rußland	1025	37500	290	11	725	7,42
5	Dogern, Deutsches Reich, Schweiz	1013	35500	300	10	730	7
6	Bonneville in Oregon, U. S. A.	685	66000	280	21	430	7
7	Lilla Edet, Schweden	675	11200	146	6,5	650	5,8
8	Laholm, Schweden	645	16000	166	8,5	726	5,5
9	Safe Harbor, U. S. A.	624	42500	213	16,7	—	5,59
10	Lanforsen, Schweden	461	13000	122	9,25	660	4,77
11	Aborrforsen, Finnland	442	16000	128	10,9	684	4,56
12	3 Mainanlagen, Heubach, Obernau, Klein Wallstadt, Deutsches Reich	435	2550	70	3,25	790	4,50
13	Kachlet (Propellerturbine), Deutsches Reich	435	9320	92,4	9,20	453	4,60
14	Myllykoski, Finnland	426	5500	80	5,8	775	4,10
15	Mainanlage, Griesheim, Deutsches Reich	402	2350	64,6	3,25	835	4,30
16	„Mittlerer Inn" (Wasserburg, Teufelsbruck, Gars), Deutsches Reich	305	5150	72	6,59	781	—
17	Tammerfors, Finnland	302	5400	70	6,82	834	3,50
18	Neckarsteinach, Deutsches Reich	266	2410	50	4,35	835	3,55
19	Munkfors, Schweden	249	15000	85	19,40	700	3,70
20	Rockenau, Deutsches Reich	236	3150	50	5,62	690	3,40
21	Eching (Isar), Deutsches Reich	218	12000	72,5	14,5	732	4,00
22	Alcala del Rio, Spanien	208	4710	52	8	700	3,20
23	Hengstey II, Deutsches Reich	207	1240	33,2	3,3	538	3,40
24	Mori, Italien	205	7000	60	10,5	660	3,10
25	Sorio, Italien	205	6250	60	9,8	830	3,0
26	Atorp, Schweden	204	5920	53,2	9,5	770	3,02
27	Shannon, Irland	181	33500	90	32,5	400	4,00
28	Gratwein, Österreich	141	3500	35	8,5	680	2,7
29	Garigliano, Italien	130	4420	37	10,5	740	2,4
30	Kremsier, Tschechoslowakei	108	1000	22	4,4	1050	2,2
31	Görz, Italien	77	1118	17	6	1130	1,8
32	Siebenbrunn, Oberösterreich	75	1150	16,4	5,4	930	1,9

Da im Text (Seite 34) zum Teil die Konstruktionsleistungen angegeben wurden, weichen die Zahlenangaben in dieser Tabelle, welche sich auf die Bremsleistungen beziehen, vielfach von den früher angegebenen Werten ab.

In dieser Zusammenstellung bedeuten: N die Leistung der Turbine in Pferdestärken (PS), H die Gefällshöhe in Metern, Q die sekundliche Wassermenge in m^3/sek, n_s die spezifische Drehzahl, D_1 den Laufraddurchmesser in Metern und N_1 die sog. Einheitsleistung der Turbine. Der Zusammenhang zwischen der Einheitsleistung N_1, der Leistung N und der Gefällshöhe H ist durch die Formel $N_1 = \frac{N}{\sqrt{H^3}}$ gegeben. Die Zusammenstellung ist der Arbeit von Reindl: „Die derzeitigen Grenzen im Wasserkraftmaschinenbau", Wasserkraftjahrbuch 1930/31, S. 308 entnommen; sie wurde ergänzt, erhebt aber auf Vollständigkeit keinen Anspruch.

Das nachstehende Bild zeigt die Kaplantafel für das Ehrenmal, welches am Geburtshaus Kaplans in Mürzzuschlag angebracht und am 20. September 1936 feierlich enthüllt wird.

KAPLAN-TAFEL

für das Ehrenmal in Mürzzuschlag

Bildhauer A. Endstorfer, Wien.

GPSR Compliance

The European Union's (EU) General Product Safety Regulation (GPSR) is a set of rules that requires consumer products to be safe and our obligations to ensure this.

If you have any concerns about our products, you can contact us on ProductSafety@springernature.com

In case Publisher is established outside the EU, the EU authorized representative is:

Springer Nature Customer Service Center GmbH
Europaplatz 3
69115 Heidelberg, Germany

Batch number: 10845480

Printed by Printforce, the Netherlands